MOCT《モスト》
「ソ連」を伝えたモスクワ放送の日本人

青島顕
КЭН АОСИМА

集英社

МОСТ《モスト》

「ソ連」を伝えた
モスクワ放送の日本人

青島 顕
КЭН АОСИМА

集英社

プロローグ

かつてソ連と呼ばれた国から日本語のラジオ放送が流れていた。受信機のダイヤルを合わせると、雑音混じりに少しいかめしい声が聞こえてきたものだ。

「こちらはモスクワ放送局です」

それは１９８３年９月、改革政策として知られるペレストロイカが始まる少し前のことである。ブレジネフの次のアンドロポフ書記長の時代だった。サハリン沖のソ連領空で、ニューヨーク発アンカレッジ経由ソウル行きの大韓航空００７便ボーイング７４７型旅客機がソ連軍のスホイ15戦闘機にミサイルで撃ち落とされ、日本人を含む乗客と乗員２６９人全員が死亡する大惨事が起きた。

「なぜ人間はこんな愚かなことをするのでしょうか」

東京都内に暮らす高校生だった私は、学校のラグビー部顧問だった熱血漢の青年英語教師がそう嘆いていたのを覚えている。

しばらくたったころ、夜、家に帰って何気なくラジオをつけてダイヤルを回すと、ニッポン放送の周波数（1242キロヘルツ）の近くから、以下のような日本語が聞こえてきた。

「……わが国の……南朝鮮の飛行機の飛行を妨害した問題で……」

モスクワ放送のニュースの時間のようだった。「ソ連国家ラジオ・テレビ委員会」が日本向けに社会主義陣営の盟主としての立場を伝えるために放送しているラジオ局だったが、当時の私にはそんな知識はなかった。電波状況があまりよくなくて、きちんと聞き取れなかったが、断片的にこんな言い回しの言葉だったと記憶している。

この事件に関して日本国内では当初は情報が錯綜していたけれど、ソ連軍機による撃墜だということは確定的に伝えられるようになっていた。日本の自衛隊がロシア語の撃墜命令の音声を傍受し、それを米国が国連で暴露していた。

ところが、モスクワ放送の言っていることは、まるで違っていた。撃墜の事実を「妨害」とあいまいに表現し、相手の飛行機が領空侵犯をしたのがいけないのだと主張していた。韓国のことを指すらしい「南朝鮮」という言葉も耳慣れなかった。日本人犠牲者は28人にのぼっていた。それらを伝える年配の男性アナウンサーの日本語には、発音やイントネーションで不自然なところはなかった。感情の読み取れない、淡々とした言い方だった。

疑問が膨らんで、その後、その周波数にダイヤルを合わせるようになった。あるとき「モスクワ放送ロシア語講座の時間です」と男性アナウンサーが楽しそうに語り出す番組に出くわした。

「エータ・コムナタ（これは部屋です）」

「エータ・モイ・ブラ（こちらは兄です）」

ロシア人の女性とおぼしき声の会話の模範音声に続いて、男性アナウンサーが日本語で解説する。そのまま聞いていると、「テキストをご希望の方は……」。東京・港区の住所を言ったと思う。

言われるままに請求すると、モスクワの名所を写したらしい絵はがきとともに、薄い2冊の初級ロシア語のテキストが封筒に入って送られてきた。1冊は黄緑色、もう1冊はどぎついオレンジ色の表紙で、2冊とも表紙には何も書かれていなかった。本を鼻に近づけると、強烈な匂いがした。たとえようのない不思議な匂いだった。大人になってそれはソ連が製本に使っていた接着剤、にかわによるものだと教えてくれる人がいた。

遠い記憶はそのあたりで途切れている。高校生活はそれなりに忙しく、ロシア語の勉強も三日坊主で終わったのだろう。だが、テキストの色と匂い、それと日本語放送のニュースで語られる「独自の論理」を聞いて、ソ連という国が日本とは違う体制にあることを強く印象づけられた。

そういった国の見解を、日本人が放送しているらしいことが気になった。いったいどんな人が、どうして――。

謎は胸にしまわれ、その後、それを解く鍵が近づいたことが何度かあったのに、自覚しないままに40年近くの時が過ぎた。

1991年、ソ連は崩壊してロシアになった。放送局はロシア国営の「ロシアの声」、さらには通信社との合併を経て2014年にインターネット放送の「ラジオ・スプートニク」に姿を変えた。2017年、それも休止となり、日本海を越えて届けられてきた人の声は途絶えた。

それから5年後、ロシアはウクライナに攻め込み、まるであのころのソ連のように西側を中心とした国際社会からつまはじきにされた。その年、封印された疑問を解くための鍵が少しずつ、あちこちから見つかり始めた。

体制が違うその国に行けば、自分らしく生きられる。もしかしたら、日本をよりよく変えることができるかもしれない。かつて、そんな夢や希望を抱いた日本人がいたことを知った。実際にそこで生きていくことは容易なことではなかった。一度や二度でなく、「こんなはずではなかった」と思ったに違いない。それでも、心の奥には「志」があった。その人たちのこと、考えていたことを記録することには、きっと意味があるはずだと思うようになった。
　人の声であるラジオを通じて、理解に苦しむことの多い隣国の一面を日本に伝えた人たちの物語を届けたい。

（登場人物の年齢は２０２３年11月末時点とします）

目次

モスクワ放送を支えた人々

2022年に開催された「放送開始80周年」のイベントで話す西野肇さん

モスクワ放送局舎の玄関に立つ西野さん。放送中にスタジオから駆け下りてきて確認した温度計が上部に写っている＝西野肇さん提供

スタジオで放送中の西野さんとガリーナ・ドゥトキナさん＝「エコー」（アイスト・コーポレーション発行）1983年vol.2 No.13より

2022年のイベントで話す日向寺康雄さん

モスクワ放送日本課の名物課長、リップマン・レービンさん＝「今日のソ連邦」1982年5月1日号より

モスクワ放送の後継「ロシアの声」の局内＝蒲生昌明さん提供

女優の岡田嘉子さん。1938年にソ連に亡命。その後、モスクワ放送でアナウンサーを務めた＝毎日新聞社提供

岡田嘉子さんと西野肇さん＝「今日のソ連邦」1982年5月1日号より

モスクワ放送で働いた（右から）清田彰さん、川越史郎さん、赤沼弘さん＝1950年前後、清田聡さん提供

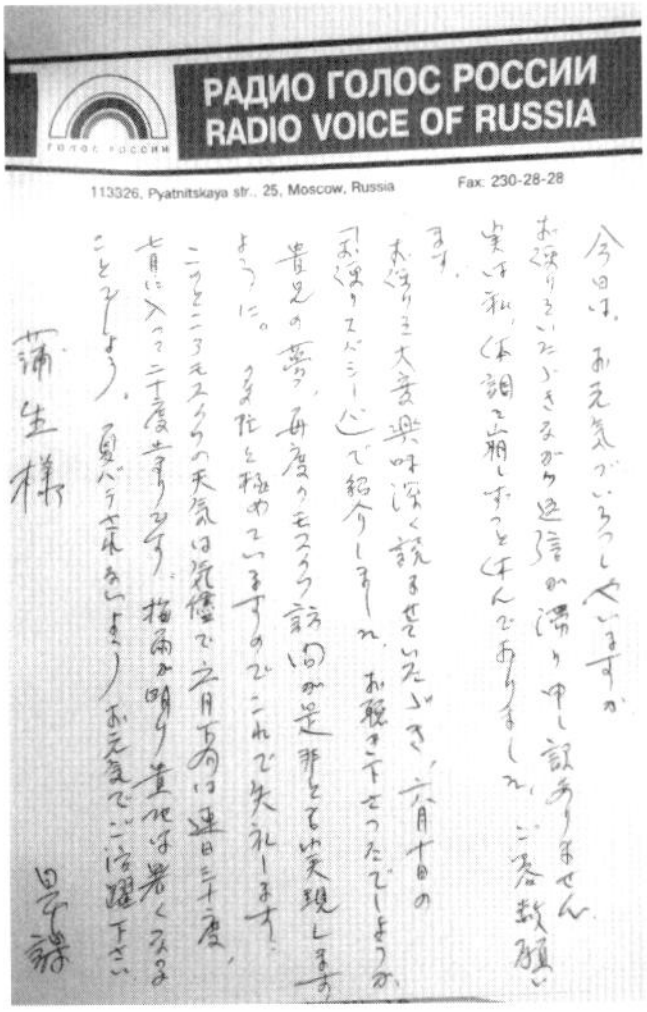

РАДИО ГОЛОС РОССИИ
RADIO VOICE OF RUSSIA
113326, Pyatnitskaya str., 25, Moscow, Russia　Fax: 230-28-28

今日は。お元気でいらっしゃいますか
お便りをいただきながら返信が滞り申し訳ありません
実は私、体調を崩しずっと休んでおりました。ご容赦願い
ます。
お便りを大変興味深く読ませていただき、六月十日の
「お便りスペシャル」で紹介しました。お聴き下さったでしょうか。
貴兄の夢、再度のモスクワ訪問が是非とも実現します
ように。多忙を極めていますのでこれで失礼します。
ここモスクワの天気は荒れ模様で六月下旬は連日三十度、
七月に入って二十度を割ります。梅雨が明け東北は暑くなる
ことでしょう。夏バテされないよう、お元気でご活躍下さい
蒲生様
日本課

岡田敬介さんが日本のリスナーに送った手紙。文末に「日本課」と書かれている＝蒲生昌明さん提供

西野肇さん（右）の長女を抱く岡田敬介さん＝1983年春ごろ、モスクワの西野さん宅で。西野肇さん提供

ハバロフスク支局に勤めた中川公夫さん＝1975年11月、同僚の有江逸郎さん撮影。中川妙子さん提供

ソ連に亡命後、日本に帰国。ロシア語学校「ミール・ロシア語研究所」を創設した東一夫さん＝「ミール文集編集委員会」提供

1959年1月発行のロシア語学習雑誌「ミール」創刊号。表紙には、平和の象徴の鳩がオリーブをくわえる「ミール・ロシア語研究所」のシンボルマークが描かれていた＝「ミール文集編集委員会」提供

東一夫さんの妻であり、「ミール・ロシア語研究所」で講師を務めた東多喜子さん

穴が２つ空いた肋骨レコードを持つ西野肇さん

モスクワ放送に出演するなど、多くの縁を持つロック歌手の川村かおりさん。画像は、2023年の命日に親族が作成したもの。上部のロシア語は「いつも私たちの心の中に」と書いてある＝川村秀さん提供

1990年1月、モスクワで撮影した川村かおりさん一家。左から母のエレーナさん、弟の忠さん、かおりさん、父の秀さん＝秀さん提供

第1章

「つまらない放送」への挑戦

東側から届けたビートルズ

腹の底から発せられているからだろうか。なんとも心地の良い声だ。少し低くて、それでいてざらざらしているところはなくて。聞いていて落ち着く感じがする。

モスクワ放送で約10年間アナウンサーを務めていた西野肇《にしのはじめ》さんと初めて会ったのは、2022年のお盆明けの東京だった。連日、猛暑が続いていた。ゴルフのときに着るような派手な柄の空色のシャツにジーンズ。髪は薄くなっていたけれど、口の周りに薄くたくわえたヒゲがよく似合う。フレームの大きなめがねは少し昔風だけれど、かえって親しみやすさを醸し出していた。75歳だが、見かけからも、リタイアした人という感じがしない。直前の春まで日本でテレビ番組制作の仕事を続けていたからかもしれない。

年の初めに、自らの若かりし日々の出来事をつづった書籍『冒険のモスクワ放送　ソ連〝鉄のカーテン〟内側の青春秘話』を出版していた。珍しい体験が書かれていたが、発売の1カ月後にロシアによるウクライナ侵攻が起きてしまったためだろうか。人々の話題に上ることはほとんどなかった。私は時間がたってから本のことを人から教えてもらい、この人と会ってみたいと思った。

午後4時から開いている神保町《じんぼうちょう》の居酒屋に一番乗りして、飲み始めた。初対面だけれど、こちらに調子を合わせてくれたのだろう、とても話しやすい人だった。宵の口でもあり、コロナ禍が明けていない店内は、お客さんはまばらだった。そんな中、チューハイをすいすいと空けながら、50年近く前のソ連でアナウンサーをしていた日々のことを朗らかに、そしてちょっと劇的に語り始めた。

ソ連やロシアを知る人たちには、少し特殊な印象を持つことがある。日本で暮らすごく普通の人が目を向ける欧米とは違う世界にあえて目を向けているせいなのか、それとも自分の偏見にすぎないのかは分からない。でも、目の前にいるこの人は、違う。あの社会主義時代のソ連のことを、普通に、懐かしそうに明るく話すのだ。日常的な物不足の経験や独特な習慣を除いたら、どこか西欧の国にちょっと行ってきたみたいに。ほかの人と、どうして違うのだろうか。すぐには分からなかった。それが西野さんに対して抱いた最初の印象だった。

翌月中旬、西野さんが自身の体験を話すイベントがあると聞き、行ってみることにした。２０２２年はモスクワ放送が１９４２年に日本語のラジオ放送を開始してから80周年にあたっていた。それを記念して、日曜日の午後、そこで働いたことのある人々や放送を聞いていた人たちが横浜市に集まるのだという。

ＪＲ桜木町《さくらぎちょう》駅のホームの真向かいにある9階建ての細長いビルは、ちょっとくたびれた感じで、築40年はたっているだろうか。そこに入っている日本と旧ソ連諸国との友好団体である「神奈川県日本ユーラシア協会」が主催だ。ガタガタ揺れる旧式のエレベーターに乗り込むと、少しだけ時間を逆戻りしてソ連に来たような気分になった。大通りに面したビルの窓には大きく日本語で「ロシア語」と書いてあって、ロシア語教室が開かれていることが電車の乗客に分かるようになっていた。

しばらく前からロシアは国際的に孤立していた。もともと少なかったその国の言葉を学ぶ人は減り、１９７３年から半世紀近く続いたＮＨＫテレビのロシア語会話の番組もこの２０２２年春で打ち切られ、ラジオ講座だけになっていた。さらに2月以来のウクライナ侵攻で、日本人のロシア嫌いは決定的になっていた。

どんな人が来るのだろう。疑問や好奇心とともに、自分にも出席者と同じように懐かしむ気持ちが少しあることを自覚しながら会場に向かった。

4階にある小学校の教室くらいのスペースには、30人ほどが来ていた。平均年齢は60代から70代か。

1970年代から80年代にかけて、日本では海外の放送局が流す日本向けのラジオ放送を受信することが中高生の間ではやっていた。和製英語でBCL（ブロードキャスティング・リスニング）と呼んで、専門の雑誌も発行されていたほどだ。そのころの熱心なリスナーとおぼしき白髪の人が目立った。

西野さんが最初に登壇した。この日は赤いキリル文字が胸に書かれた白のTシャツにベージュのジャケットを合わせていた。よく似合う。でも西野さんを知る人たちは、少しびっくりしたそうだ。いつもの長髪がかなり短くなっていたからだ。

西野さんは東西冷戦のただ中、停滞の時代と言われたブレジネフ時代の1973年5月に、東京からモスクワに渡り、モスクワ放送で働くことになった。灰色の街に、西側の中でも特に急成長を遂げた日本育ちの25歳は相当目立っていただろう。

思い出話は入局して半年ほどたったころ、上司から初めて20分ほどのラジオ番組づくりを任されたときのことに差しかかった。

そのころ、西野青年は言葉の分からないままつけたテレビから流れたロシア民話の番組とテーマ曲が気に入っていた。自分の番組でその音楽を紹介することにした。オープニングとエンディングには「何かインパクトのある曲がいい」と思った。頭に浮かんだのは飛行機の着陸音に続いて、ドドドドドというドラム、そして激しいギターで幕を開ける曲だった。日本から持ち込んだレコードの中に入っていた。

番組の中で紹介する曲より目立つけれど、お構いなしだった。放送局のロシア人スタッフで、のちに親友になるコーリャことニコライ・ドゥトキンさんに聞かせると、案の定乗ってきた。びっくりしたような顔をした後、すぐに生き生きとした表情に変わってきた。こんな曲は聞いたことがない！　そんな顔だった。

オンエアのためにレコードをダビングしていると、スタッフの女性も親指を立てて歓迎してくれた。音を聞きつけたのか、他の部屋から若いスタッフが次々に入ってきた。中には、自分用にダビングして持ち帰りたいと申し出る者もいた。

「バック・イン・ザ・U.S.S.R.」（ソ連に帰還）
U.S.R.はソビエト社会主義共和国連邦（Union of Soviet Socialist Republics）を略した英語表記だ。ギターを抱えたポール・マッカートニーさんが「ウクライナ娘にノックアウト。西側の娘なんて目じゃないさ」、そんな意味になる言葉を早口で歌っていた。

ビートルズの後期の2枚組みLP『ザ・ビートルズ』（1968年）に入っている曲だ。ジャケットが白一色なので『ホワイトアルバム』と言われることもある。「ホワイトアルバムに入っている曲でしたよね？」と西野さんに確かめたら、「ホワイトアルバムってなんだっけ？全集で聴いてたから」。ビートルズの音楽は大好きだというのだが、マニアのようなこだわりはないようだった。

「『ソ連に帰還』というタイトルの曲を、ソ連で流すっていいなって。そんなことも考えていました。歌詞のことは気にしていませんでした」

だが、問題があった。当時のソ連では西側のロックは御法度だった。でも、それをオンエアしたらどうなるのだろう。いたずら心を抑えきれなかった。

当時のモスクワ放送は生放送ではなかった。日本語のわかるソ連人の検閲官が立ち会い、話している日本語が元原稿のロシア語と相違がないかチェックしながら事前に収録し、後で放送していた。この番組も検閲官が立ち会い、チェックののち予定通りオンエアされた。

やはり、無事ではなかった。

「これはまずいんじゃないでしょうか」

小柄な体に猫背の背中をかがめながら、やってきたのは日本課長のリップマン・レービンさん（2013年、87歳で死去）だった。堪能な日本語を使って、いつものように穏やかに言ったが、手塚治虫《てづかおさむ》の漫画のキャラクター「お茶の水博士」そっくりな顔には困惑がにじみ出ていた。

レービン課長は１９６７年から、ソ連崩壊を挟んでロシアになって、さらに21世紀に至るまで、40年以上も同じ職を続けた。72年の札幌冬季五輪ではソ連選手団の通訳を務めたほどの日本語の達人だ。打ち解けた後は、西野さんと日本語でだじゃれを言い合う仲になった。のちに黒柳徹子《くろやなぎてつこ》さんの自伝的物語『窓ぎわのトットちゃん』をロシア語に翻訳し、出版したことでも知られている。

「困りますよ。こういう歌詞は。『ウクライナ娘にノックアウト』というのはどうでしょう？」

西野さんは怒られたことより、英語の歌詞を聞き取って、西側らしいそのくだけた表現ぶりに気付いたことに感心してしまった。「さすがレービンさんだなあ」と。管理職としては、ビートルズを流したことよりも、歌詞の中身を幹部らに問題視されたらどうしようと考えたのかもしれない。男女関係に建前があった当時の東側らしいな、とも。

堪《こた》えたのは、自分が怒られたことより、チェックすべき立場にあったロシア人スタッフのコーリャが怒られていることだった。でも、「なんでもないよ」とやり過ごしてくれたコーリャがとてもいいやつに思えて、西野さんは友情を深めていったという。

「シベリア送りでも日本へ強制送還でも、仕方ないかな」

開き直った西野さんは、冗談めかして考える余裕があった。ソ連は「収容所群島」などと言われ、広い国土に思想犯を収容する施設が多数あったのは事実だが、恐怖政治を推し進めたスターリンは20年前に死亡していた。

結果は、大事には至らずに済んだ。

「たぶんレービンさんが胸の中にとどめてくれて、上層部には知られずに済んだのではないか」

当時の人々の顔を思い浮かべながら、西野さんはそんなふうに考えている。

応援のレターが殺到

「助かった理由」はほかにもあるようだ。ソ連の放送局からビートルズが流れる意外性に、日本から反響や激励の手紙が次々に届いたからだ。日本からの手紙を管理していた日本人スタッフ・岡田敬介《おかだけいすけ》さんが、西野さんにご機嫌でその束を見せてくれた。

「頑張れ西野さん！」

ちょっとしたいたずら心が電波に乗って「鉄のカーテン」をやすやすと越え、日本の若者たちの心に届いていた。

先述のBCLブームにおいて、海外の放送局に手紙を書くことで、放送局からお返しに受信確認証（ベリカード。英語のverify〈確認する〉に由来）を送ってもらい、それを集めることも流行していた。一方で、リスナーを増やしたいモスクワ放送としても、約７５００キロ離れた日本から届く大量の手紙は無視できなかった。
西野さんと岡田さんとのやりとりは、『冒険のモスクワ放送』にも描かれている。

岡田「私はお手紙をくれた全員に返事を書いていますよ。手紙が多いと本当に大変ですが、でも嬉しいので頑張らないと駄目ですね」
西野「そうですね。モスクワから返事をもらうと嬉しいでしょうね。でも岡田さん、日本からの手紙が多いと日本課はどうなるのですか？」
岡田「日本課は高く評価されます」
西野「テレビの視聴率みたいですね」
岡田「しかし日本課はまだまだですよ」

そこで西野さんは日本課に届く手紙の数が、当時放送されていた70ほどの外国語放送の中で、2位だと知らされる。1位はインド。この時期、6億人ほどの人口を抱えていた。日本の人口はその約6分の1。大健闘だ。

西野さんはその後、さまざまなアイデアで「お堅い」モスクワ放送に新風を巻き起こすことになる。リスナーからリクエストされたソ連のポップスをかける番組を担当することになって、相方にロシア人の若い女性を選んだ。コーリャさんの妻のガーリャことガリーナ・ドゥトキナさんだ。大学で日本語を学び、入局したばかりだった。流暢に日本語が話せるわけではない。アナウンサーでもない。それがかえってよいと西野さんは思ったのだ。

「なぜ日本語が下手なロシア人を」とレービン課長は疑問をさしはさんだ。西野さんは、それまでは日本人同士のかけあいでやるのが慣例だったが、それでは面白くないと感じていた。自分が曲名を日本語で言った後、すかさずロシア人にロシア語の曲名を言ってもらう。ときどき不自由な日本語を一所懸命話してもらう。そんな放送こそ、リスナーには「ああ、モスクワから放送しているのだな」と実感を持って聞いてもらえるのではないかと考えた。

西野さんの「挑戦」はそれにとどまらなかった。ある日、音楽をかけている3、4分の間に6階の日本課から階段を駆け下り、1階正面玄関の右側にかかっている温度計を見て、音楽が終わるギリギリに6階に駆け戻ってきてこう言った。

「ただいまのモスクワの気温はマイナス10℃。晴れて青い空が広がっています」

放送はすべて事前に録音したものを後で流していたけれど、「生放送ふう」の演出をすることで、少しでも臨場感を与えるとともに、「間に合うのだろうか」と聞いている人をハラハラさせることを狙ったのだ。

実際に曲がスタートして階段を駆け下りた西野さんは、予想しなかった障壁に遮られる。不審に思った守衛さんに止められてしまったのだ。局内を走っている人などめったにいなかったのだから、守衛さんの行動はもっともだ。それに対して、ロシア語がおぼつかなかった西野さんはうまく説明できない。折よく、心配してやってきたレービン課長が助けてくれ、先に行くことができた。でも、心配性のレービンさんによるさらなる善意が待っていた。助手を連れてきて、局舎の8基あるエレベーターのうち1台を1階に止めたままにして西野さんを待ち受けた。とんだ迷惑だった。

「いやいや。エレベーターに乗って、2階とか3階で誰かが乗ってきて足止めを食ったらどうするんですか。階段を駆け上がった方が早いんですよ」

ハアハア言いながらスタジオに戻ってきたところを放送するから面白いのに！　臨場感を伝えるということが「古い」モスクワ放送人には理解できないようだった。そんなことを考えながら、西野さんは、やっとのことで曲の終わりまでにスタジオに到着することができた。

「本当に時間通りに戻ってくるのだろうか」

スタジオで待ち受けることになったガーリャさんは、この挑戦の計画を聞き、不安を覚えたそうだ。

「でも、西野さんは息を切らせながらスタジオに飛び込んで来て、うれしそうに気温を報告しました。本当に駆け下りて、見に行った様子がはっきりと伝わりました」

今もモスクワに住み、友好団体「ロ日協会」の会長を務めるガーリャさんは、メールでの取材にロシア語で長い回答を寄せてくれた。

「西野さんは機知に富み、クリエイティブな人でしたね」

50年近く前の出来事を楽しそうに振り返った。

あのころ西野さんに頼まれて番組に出演したものの、日本人に向けた放送で話すには不安があったそうだ。ロシア語で曲名を読むだけではなく、台本に沿って西野さんと日本語でおしゃべりすることもあったからだ。そんなとき、西野さんはていねいにサポートしてくれた。

「テキストにマークをつけて、どのイントネーションが高いか、低いかを練習しました。彼は分かりやすく陽気に説明してくれました。驚いたことに、（日本の）聴衆は私の朗読を温かく受け入れてくれましたし、『（日本語の）なまりに困惑する』といった苦情もありませんでした」

実際にこの番組を聞いていた日本のリスナーの反応は、どのようなものだったのだろうか。

「それまでのモスクワ放送はあまり魅力的ではありませんでした。内容はプロパガンダ（政治的意図を持つ宣伝）に過ぎないし、アナウンサーも棒読みな人が多かった。でも、考えが変わったのは73年、高校2年のとき、久しぶりにダイヤルを合わせたときです。西野さんのやっていた音楽番組では、ソ連のポップスを流していた。メロディラインが日本の歌謡曲と似ているんです。ビートルズが解散し、空白を埋めるものが欲しかったころで、ぼくはハマってしまった。西野さんの番組はロシア人の女性と日本人の男性のペアが自由におしゃべりするスタイルで、新しかったですね」

埼玉県川口市に住む蒲生昌明《がもうまさあき》さん（66）は半世紀前の記憶をたどる。夜、勉強に疲れるとよくラジオを聞いていた。階段ダッシュの放送も、リアルタイムで聞いた。番組のクイズに応募したら送られてきたソ連のポップスのレコードを、今でも大切にしている。蒲生さんは番組を通じて、欧米とはテンポが違い、日本の歌謡曲に近いところもあるソ連の歌が大好きになった。大学を出て出版社に就職したが、退職後に『ソ連歌謡　共産主義体制下の大衆音楽』というそのものズバリのタイトルの本を出版してしまったほどだ。

当時の日本課のアナウンサーの中で、西野さんは売れっ子になった。蒲生さんが「番組案内エコー」と題された、1983年に発行されたモスクワ放送の日本語版宣伝冊子を取り出す。手紙をやりとりしたリスナーに送られたものだ。1ページ目にガーリャさんと西野さんがツーショットで大写しになっている。別のページには、「モスクワ放送の売れっ子アナ西野肇さん」と大見出しが躍り、西野さんの番組が紹介されている。くどいくらいのPRぶりだ。

ロシア語学習歴ゼロ

「モスクワに行くまで、海外に出たことは一度もありませんでした。ソ連に接点は全くなかった。関心もなかったし、ロシア語も勉強したことはありませんでした」

西野さんの言葉に仰天してしまった。ソ連やロシアに関わる人には、もともとその世界への関心やこだわりがあるものだと思い込んでいたからだ。では、西野さんはどうして海を越えて、わざわざモスクワ放送に入ったのか。

1947年、東京・目黒に生まれた、いわゆる団塊の世代だ。法政大学では法律を学んだ。当時は学生運動の全盛期だ。

「みんな何かのセクトに入っていた。ノンポリは1割くらいで、そういう人はばかにされていた」

新宿駅西口で反戦を呼び掛けるフォークソング集会に参加したこともあったというが、それより力を入れていたのは「放送研究会」の活動だった。テレビ局、それも東京のキー局への就職を目指していた。NETテレビ（現・テレビ朝日）の入社試験で最後の3人に残ったが、惜しくも入局枠の2人には入れなかった。札幌のテレビ局からは内定をもらったが、辞退してしまう。

「決まったとたん、北海道の地図が頭に浮かんで。遠くの支局に異動したりとかしながら生きていくのか……。そう思うとだんだん嫌になってきて。何よりも、先人がやったのと同じことをするのは面白くないと思うようになっていたんです」

大学卒業後、東京の民放テレビ局でアルバイトを始めた。朝の情報番組のアシスタントディレクター（AD）だ。その仕事にも慣れた1972年、上司に呼ばれて「モスクワ放送がスタッフを募集している」と言われた。先方はその局の社員を派遣してほしいと希望していたが、会社としては断ったのだという。

「北海道の局を受けたくらいだから、北の方が好きなんだろう」

上司はずいぶんいい加減な考えで、西野さんに勧めてきたのだった。

でも、ひらめくものがあった。

「誰でも行けそうなところ、たとえばイギリスなんかだったら行かなかったでしょう。けどソ連なら、おれがやるしかないな」

そこに行けば、人とは違う何かができるんじゃないか。好奇心が刺激された。

新宿区の住宅街にあった「モスクワ放送東京支局」で面接があり、そこでロシア人の支局長、オフシャニコフさんから言い渡された「課題」はラジオ番組を1本作ってくることだった。当時、一世を風靡していたシンガーソングライターの吉田拓郎《よしだたくろう》（当時はよしだたくろう）さんをテレビ局の知り合いに紹介してもらい、インタビュー。ADをしていた番組で司会者を務めていたフリーアナウンサーの宮崎総子《みやざきふさこ》さんにナレーションをしてもらい、40分ほどのテープを作ったという。

「吉田拓郎さんの話だけではなくて、当時のヒット曲やニュース、仲間のADの声なんかがぐちゃぐちゃ入った変な番組だったんですよ」

1カ月後に通知が来ると言われた。だが、いつまでたっても通知は来なかった。一緒に受けていたのは、ソ連と付き合いのある会社から紹介された人やロシア語を専門に勉強していた人だったと後で聞いた。きっとそういう人が選ばれる仕事なのだ。さすがにずっとアルバイトはよくないと、別の仕事を探し始めたころだった。自宅に合格通知が届いた。なぜ自分なのか、よく分からなかった。

後から知ったことだが、そのころのモスクワ放送日本課は第二次世界大戦後にソ連領になった南樺太（サハリン）から連れて来られた日本の民間人や、シベリアで抑留された後、ソ連国籍を取得して現地に残った元日本軍兵士らが中心になって番組作りをしていた。

西野さんは、戦前の俳優でシベリア抑留中に収容所（ラーゲリ）で演劇活動をして、その後モスクワに行った滝口新太郎《たきぐちしんたろう》アナウンサーが、1971年に肝硬変のため58歳で亡くなったのを受けて、その後任として選ばれたのだった。

「抑留者世代の人たちが退職する年代にさしかかって、新しい人を採用しようとしたとき、以前と同じような考え方の人ではだめだと考えたのではないでしょうか。そういうことをやるのは、きっとレービンさんですよ」

西野さんは当時を振り返る。

「ロシア語が堪能な人よりも、聴取者を引きつける能力の高い人を」

保守的なエピソードも残っているレービン課長に、そんなアイデアがあったのだろうか。

とはいえ、西野さんの後に入った人を何人か思い浮かべても、みんなロシア語をやっていたり、元々ソ連関係の仕事に就いていたりと、なんらかのロシア的な接点がある人ばかりだ。全く接点がないままに採用された人は、西野さん以外には見当たらない。やはりこのとき、採用する側に、思い切った発想の転換があったのは間違いなさそうだ。

思想の自由を守ります

そもそも、モスクワ放送の日本語放送とはどんなものだったのか。1970年ごろに東京支局が発行したという冊子「みなさん、モスクワ放送をお聞きください！」には、こう書かれている。

「モスクワ放送は、内外のできごとについての正しい情報、それにたいするソ連の指導者はじめ一般の人びとの見解、平和の維持強化と社会主義共同体の強化をめざすソ連人民の闘い、共産主義社会を建設しているソ連人民の生活や風俗習慣などについてお伝えしています」

「モスクワ放送はイデオロギー問題についてのソ連の国家・社会活動家の意見や理論的な解説、討論などをお伝えしています」

「モスクワ放送は、ソ連の科学・技術分野の最新の成果、ソ連の著名な学者や専門家のお話、その他文化、スポーツなどあらゆる分野にわたって広くソ連の国内情勢をご紹介しています」

「モスクワ放送は……」

同じ主語で始まる文章が、見開き2ページの中に8回も繰り返されている。本国で書かれた文章を各国向けに直訳したのだろうか。読んでいるうちにうんざりした気分になってくる。社会主義体制を宣伝しようとする意図は伝わってくるけれど、一方通行で、受け手を楽しませる気持ちなど、まるで感じられない。

西野さんはソ連に行くことが決まってからの半年ほどの間、ときどきモスクワ放送にダイヤルを合わせることがあった。

「労働組合がどうのこうのとか、やっぱり堅い放送でした。それだけに自分がやることはあるなと」

とはいえ、大学の放送研究会出身で日本のテレビ局のことしか知らず、社会主義のイデオロギーとは無縁の青年が飛び込むことに不安はなかったのだろうか。

「それはなかったですね。運命としか言いようがない」

尋ねてみると、西野さんはそんなふうに何度も繰り返した。

「オフシャニコフ支局長からはこう言われました。『思想の自由を守りますから、心配しなくてよいです』と」

1970年代後半のモスクワ放送ハバロフスク支局で働いた渡辺賛二《わたなべさんじ》さんの回想を記した書籍に、「毎週1回、マルクス・レーニン主義の勉強をやらされる」という話が出てくる（野口《のぐち》均《ひとし》著『シベリア・ラーメン物語　成功した草の根の日ロ合弁』）。西野さんもやらされたのか。そう聞いてみると、「そんなこと全然なかった」と即答された。同じモスクワ放送でも、モスクワとハバロフスクでは働く人の環境に違いがある可能性はあるが、西野さんには社会主義社会を宣伝する役割よりも、西側のテレビの制作手法で日本のリスナーのニーズに合った番組を作ってくれる「お客様」扱いの面があったことがうかがわれる。

西側のロックは禁制品

出発の日が迫ってきた。

両親からは「契約期間の2年が過ぎたら帰るように」「向こうで結婚相手を見つけたりしないように」と厳しく言い渡されたそうだ。

当時はまだ成田空港は開港しておらず、東京の空の玄関は羽田空港だった。羽田とモスクワ郊外のシェレメチェヴォ国際空港の間には直行便が飛んでいて、そのチケットがもらえることになっていた。それは辞退した。お膳立てされた行き方ではなく、普通の旅行者がソ連を訪ねるルートで入りたかった。

そのころは横浜から船で2泊3日かけて極東の港町ナホトカに行き、そこから入国するのが一般的だった。西野さんもそれをなぞった。そこから鉄路でハバロフスクへ。そこで国内線の空路でモスクワへ、という旅となった。ソ連の国内線は比較的安価だった。西野さんのこだわりのおかげで、モスクワ放送の交通費負担は羽田から直行便で行くよりも半分以下で済んだ。

娯楽が少ない国だと聞いていた。クラシックギターを手に、スーツケースには吉田拓郎さんのLPレコード『元気です。』、サイケデリック・ロックで知られた英国のバンド、ピンク・フロイドの牛のジャケットで有名だった『原子心母《げんししんぼ》』、それにビートルズの4枚組「全集」、さらには好きな作家だった花田清輝《はなだきよてる》さんの文芸評論集『冒険と日和見』を詰め込んだ。ソ連では手に入りそうにないものばかりだった。

「鉄のカーテン」を越えて、西側のロックが御法度な国に渡るという覚悟はあった。だが、西野さんは、持っていってはいけないものだとは思ったものの、特に隠したりはしなかった。取り上げられることはないだろう。漠然と楽観していた。

ナホトカの港では、船長はほかの客に先だって西野さんを誘導し、降ろしてくれた。入国に際しての荷物検査はあったが、形だけのもので、スーツケースの中を開けられはしなかった。国営放送から招待された特別な客人だったのだ。ビートルズがまんまと持ち込まれた。

初夏の光が差すモスクワ郊外のシェレメチェヴォ第1空港に降り立った。タラップを降りたところで、いきなり声を掛けられた。

「ニシノサン」

レービン課長と日本人の男性アナウンサーが待ち構えていた。レービンさんは、西野さんをハバロフスクで世話した放送局スタッフから届いた電報を持っていた。

「長髪でジーンズをはき、ギターケースを抱えた青年です」

西側の若者そのものの格好をした人間は、他にはその場にいなかった。

西野さんは2人に手土産として、日本の釣り竿を渡した。

「日本のが一番だなあ」

2人は繊細な作りの日本製に大喜びした。出迎えた側が西野さんのペースにはまっていたのかもしれない。

住居は外国向け放送の職員だけを住まわせる14階建てのアパートが用意されていた。だが、案内された8階の自分の部屋には家財道具が全くなかった。そこでレービンさんは西野さんを赤の広場の前の国営デパート「グム」に連れて行ってくれた。ここで早速、買い物一つ取っても西側とは違うことを見せつけられた。レービンさんは行列に並んで商品番号をメモして、カッサ（レジ）で番号を言って代金と交換にレシートをもらい、その半券とお目当てのものを交換した。ようやく手に入れたのはソ連製のやかんだった。

部屋に持ち帰って、湯をわかし、日本から持ってきた瓶入りのインスタントコーヒーに注いで、2人で飲んだ。ソ連のコーヒーとは違ってうまい！ 前年の札幌冬季五輪で通訳として訪日したばかりだったレービンさんは、大喜びだ。久しぶりに日本の味に触れたくて、買い物に付き合ってくれたのだった。

ソ連社会にとっては、西野さんはこれまでいなかったタイプだった。でも、放送局は単なる「異分子」とはみなさなかった。

「ロシア人って、みんなドストエフスキーの小説に出てくるような無愛想な人物なのかと思ったら、レービン課長がイメージを崩してくれました。温かく迎えられました」

ソ連式についていけなくて

モスクワでの生活が始まった。

当時、この街には気軽な外食文化は根付いていなかった。市中心部にあったモスクワ放送の1階には食堂があったので勤務中の昼はそこで食べたものの、朝や晩は自分で用意しなくてはならない。知り合いの民放テレビ局の特派員宅や商社マン宅で日本食をよばれることはあったけれど、毎日甘えるわけにもいかない。なので、たいていはパンやチーズ、ハム、牛乳などを食料品店で買い込んで、それですませていた。だが、一人分を買いたかったとしても、まだ言葉の分からない中で、面倒なソ連式買い物についていけない。

「売り場に表示されてる数字をそのまま言うくらいならできたけど、『キロ』あたりだったりする。割り算した数値や値段をロシア語で正確に言えなかった。本当は100グラム、200グラムで買いたかったけど、食べきれないのに仕方なく1キロとか買ってしまって、かびをはえさせてました」

局で働く日本人職員の一人が見かねて、しまい込んでいた旧式の電気釜を風呂敷に包んで持ってきてくれた。

とはいえ、これで食生活がすぐに改善したわけではなかった。ご飯を炊こうとコメを買ったものの、それはソ連国内で流通していた粒の細長いものだったりした。おにぎりにしようとしても、パサパサで握ることができなかった。モスクワに来るまで親元で生活していた西野さんは、料理の経験がほとんどなく、コメの種類の違いも知らなかったのだ。

職場には、日本でそれなりに知られた人物がいた。

１９１２年生まれの袴田陸奥男《はかまだむつお》さんだ。その名が示す通り、青森県出身。戦前は日本共産党の幹部だった兄の里見《さとみ》さんとともに活動し、治安維持法に問われて服役したこともある。１９４５年に召集されて、満洲で終戦を迎えてソ連軍の捕虜となり、シベリア・チタ地区の収容所に送られる。

収容所は当初、旧日本軍の組織形態が維持され、ソ連側からの労働の要求を日本の元将校が仕切って、元兵士を働かせていた。食糧が行き届かない厳寒の地での過酷な労働によって、下層の兵士に大量の死者が出た。そこに起きたのが民主運動、反軍闘争とも呼ばれたもので、それまでの収容所の秩序をひっくり返して、元兵士らが元将校をつるし上げた。ソ連当局が推し進め、抑留者たちに教え込んだ共産主義のイデオロギーが活動を支えた。袴田さんは、ソ連当局の保護下で、チタ地区の収容所内の日本人の上に立った。権勢をふるう姿から「シベリア天皇」の一人とされ、恐れられた。

その後、チタから、当時の極東最大の都市ハバロフスクにあった「日本新聞」編集部に移った。日本人抑留者向けに、世界の情勢と共に、イデオロギーを浸透させようとした新聞だった。1953年にモスクワ放送日本課に移り、ロシア語の原稿を翻訳する仕事に就いていた。

そうした経歴を知っている人には、近寄りがたい存在だったはずだ。しかし、戦後生まれの西野さんは詳しい事情を知らず、気にもしなかった。

「アパートと放送局の往復だけじゃ体が鈍るから、少しは運動をしないといけないよ」

そんな言葉で、休日に付き合うように誘われた。袴田さんの運転する乗用車は、大型で丸っこいボディーのソ連製ヴォルガ。党幹部らが乗り回したあの国の高級車だ。人類初の宇宙飛行から帰還したガガーリン中佐に、功績を称えて贈られたとされる。燃費が悪く、よく故障を起こす車だったとも言われている。

着いたのは、袴田さんが入っているテニスクラブだった。ヨーロッパ式の土のコートで、袴田さんから借りた木製ラケットを振った。袴田さんは60歳を過ぎていたが、その年代の日本人としては大柄な170センチの体がよく動いた。20代半ばの西野さんの方がついていけなくて、1カ月ほどでリタイアしてしまった。

休日を袴田さんと過ごしていたころ、アパートに入れてもらったこともある。ソ連で結婚した奥さんと、大学生くらいだったかわいらしい娘のイリーナさんに会った。のちにロシア下院副議長になった人だ。

西野さんにとっては、個人としては雲の上の「天皇」ではなく「テニスの先生」だった。だが、アナウンサーとしては、とても困った存在だった。袴田さんの文字には癖があった。翻訳して届けられる手書き原稿が、実に読みにくいのだ。読み上げる前にルビを振ったりして、誤読を防がなければならなかった。

袴田さんはモスクワ放送の東京特派員を2度務め、１９８０年に退職。その後も放送局で仕事は続けていたようだが、ソ連の崩壊を見ることなく１９９１年に亡くなっている。

ソ連国営のモスクワ放送は、先述のように70ほどの言語の放送を流していた。東西冷戦下、「鉄のカーテン」で仕切られている中、当局は東側から西側へイデオロギーを伝える手段としてラジオを有効活用しようとしていた。メインはニュース番組だった。国営通信社・タス通信の記事の翻訳が中心で、これにソ連の「公務員」でもある解説委員によるニュース解説が加わる。これらをベースにしたうえで、西野さんら日本人スタッフが音楽や文化をテーマにした独自番組を制作して、夕方から深夜にかけて日本に向けて放送していた。

「放送」という名称が付いているが、西側の感覚でいう報道機関とは言えない。政府のやっていることをチェックし、独立した視点から伝えるのが報道機関だとすれば、モスクワ放送は正反対の立場にある。いわば政府の広報機関であった。

高校1年の佐藤優さん

送り手の熱意に応える熱心なリスナーもいた。その一人が、元外務省主任分析官で作家の佐《さ》藤優《とうまさる》さん（63）だった。1975年、高校1年の夏にソ連・東欧を旅行したとき、モスクワ放送を訪ねている。著書『十五の夏』には、レービン課長と面談した後、西野さんのインタビューを受けて番組に出演し、モスクワ放送やソ連の印象などを語ったことが描かれている。西野さんのファッションはソ連の街で見る若者とは全く違っていた。長髪で、ジーンズのおしりのポケットにはミッキーマウスのアップリケがついていたという。

このときの思い出を聞いてみたくなった。体調を崩し透析をしていると聞いていたが、手紙でお願いをしたら、2022年12月、佐藤さんが電話をかけてきてくれた。

「おしゃれな人でしたね」

佐藤さんは相手が身につけていたモノの記憶を基に、浮かび上がってきたその人の姿や形を思い出していくらしい。

「西野さんがレービン課長に対して『リクエスト音楽を増やした方がいい』という話をするな

ど、モノを自由に言えているなという雰囲気を感じました」

のちに外交官になってモスクワの日本大使館に駐在する佐藤さんはその夏以来、ソ連、ロシアの社会をウオッチしていく。当時のモスクワやソ連はどんなところだったのか。

「１９７５年のソ連は豊かな社会だと実感できた。住宅や地下鉄、バスがしっかりしていた。それが、外交官になって86年に行ったときには貧しくなっていた。87年から95年には外交官として住みましたが、どんどん貧しくなっていくのを感じました」

ペレストロイカ、ソ連崩壊を通じて、社会の基盤が崩れ、人々の暮らしが厳しくなっていったと話す。

ペレストロイカ時代に比べれば、まだモノの供給が追いついていて、その分、堅い体制が残っていた75年当時、西野さんはなぜ一党独裁の国の国営放送で、くだけた雰囲気の番組を作ることを許されたのか。佐藤さんは、推測を交えて答えてくれた。

「上からのイデオロギー中心の放送ではなく、草の根から（社会主義の考え方を）広げる姿勢を見せることで、度量の広さを示そうとしていたのではないか。当時のソ連には、日本とお互いに共通しているところで信頼関係を築いていこうという空気があった。文化活動を通じてソ連のシンパ（共感してくれる層）を作っていこうとしていたのではないか」

そのうえで、佐藤さんは大事なことを指摘した。

「１９７５年は戦争をしていない時代でした」

1964年から続いたブレジネフ時代。68年に起きた「プラハの春」への弾圧。深まる中国との対立。そうした中での72年、米ニクソン大統領のモスクワ訪問。73年秋には日本の田中角《たなかかく》栄《えい》首相もやってきた。デタント（緊張緩和）の動き。強権的な態度を示す政権下で、束の間の晴れ間のような時代だった。

「利用された面はあった」

西側の民間放送に勤めていた経歴を買われて、アナウンサーに採用された西野さんは、モスクワ放送のイメージを変え、ソ連嫌いの日本人に親しみを持たせるための戦略にぴったりだったのだろう。本人も「つまらない放送と言われていた。そのイメージをぶっ壊してやろう。若者たちが耳を傾けるような番組を作りたかった」と言っている。

「でも、利用された面はあったでしょうね」

本人もそう思っている。

西野さんが在職した10年間のうちの後半、再び厳しい時代へと向かっていく。ソ連は1979年、隣国のアフガニスタンに侵攻し、国際社会から激しく非難される。翌年にソ連が威信をかけて開催したモスクワ五輪は、米国、日本をはじめ西側の国がボイコットした。日本向けのモスクワ放送は、大会の不参加を決めた日本政府を批判する放送を流し続けた。
「不参加決定は日本政府からの前例のない強く露骨な圧力の中で行われた。対米従属政策に忠実な政府は、日本選手をオリンピックに参加させないために全力を尽くした」（１９８０年５月24日、ラヂオプレス配信）
「日本オリンピック委員会のゼスチュアは逆宣伝、さらには人を愚弄する性質のものであるという印象を避けられない」（同年６月11日、同）
アナウンサーだった西野さんはこの関係のニュースを読むこともあったが、その内容の記憶はあまりないという。だが、８万人を収容するレーニン・スタジアム（ルジニキ・スタジアム）を主会場に五輪が始まると、その日の結果を伝えるニュースを読んだのは覚えている。
「つまらなかったですね。日本選手が出ていないのだから」

知らされなかった事件

モスクワ五輪が開かれた１９８０年、東京のソ連大使館の大佐が陸上自衛隊の元幹部から情報を受け取っていたことが発覚し、事情聴取前に帰国する事件が起きた。元幹部は自衛隊法違反で起訴され、有罪判決を受けた。

ソ連からその仕返しを受けたとされる事件もあった。その当事者は、モスクワの日本大使館に防衛駐在官として派遣されていた平野浤治《ひらのこうじ》さん（88）。防衛大学校3期。その後に東京・小平の陸上自衛隊調査学校長を務めた、情報のエキスパートだ。

2022年春、私は戦後のソ連に残留した民間人たちのことを調べていた。日本の軍人たちが連行されたシベリア抑留とは別に、なんらかの理由でソ連に長い間残っていた人たちのことだ。平野さんは民間企業を経てリタイアした後に、『戦後強制抑留史』（2005年発行）の執筆陣に加わり、ソ連残留者の稿を担当していた。

取材を申し込むと、電話の向こうから明るい声が聞こえてきて、東京・あきる野市の自宅で応じてくれることになった。最寄りの駅まで自家用車を自分で運転して迎えに来てくれた。

本題である残留者の話は、あまりよく覚えていないようだった。だが、40年以上前に自身が巻き込まれた事件のことになると、饒舌《じょうぜつ》になった。

それは、モスクワからソ連邦を構成する国の一つだったグルジア共和国（現・ジョージア）の首都トビリシに出張し、レストランに入ったときのこと。

「KGB《カーゲーベー》（国家保安委員会）が私を狙っていることは分かっていたのですよ」

食べ物が怪しいと考えて手をつけなかった。そこに男が寄ってきて「息子が柔道をやっている」という話を始めた。「乾杯しないか」と持ちかけてきた。

男は自分で杯にウオトカをついで飲み干してみせた。その杯を平野さんに渡してきた。拒むことができないまま、平野さんはウオトカに少し口をつけた。

「天井がグラッと動くような感覚に襲われて、これはいかんと思いました」

トイレに駆け込み、蛇口に直接口をつけて水道の水を胃袋いっぱいに入れ、グーッと吐き出すことを繰り返した。同僚の外交官が助けに来てくれたときには、男は姿を消していた。現地の警察に連れて行かれ、署長の立ち会いの下、事情を聞かれた。ホテルに帰ると、同席していた外交官が苦しみだしたという。幸い、二人とも大事には至らなかったという。翌日にモスクワ行きの便を予約して、戻ることができた。

男はなぜ平気でいられたのか。

「解毒剤を事前に飲んだうえで、毒を飲んでみせたのだろう」

そんなふうに想像している。しばらくたってから「読売新聞」と「日本経済新聞」の記事になった。「トビリシ毒ウオッカ事件」として知られ、国会で取り上げられたこともある。

だが、この事件のことはモスクワの西野さんには伝わってこなかったそうだ。「知らなかった。そんなことがあったの」と言うだけだった。

元ＮＨＫディレクターの田中則広《たなかのりひろ》・淑徳大学准教授（57）によると、当時のモスクワ放送ではソ連の立場を主張したり、日本政府を批判したりするニュースや解説のアナウンスは、ソ連の思想に共鳴していた人たちが担当したという。それでも、西野さんがそうしたニュースを全く読まなかったわけではないだろう。拒否したい気持ちにはならなかったのだろうか。

「それはなかったですし、気にならなかったですね。音楽の番組など、自分しかできない企画を出して放送することをしたかった。だいたい西野は文化や音楽の番組をやるものだと、みんなが思うようになっていたから」

割り切りの感覚もあったのだという。

「僕が拒否したとしても、誰かが読まなければならないわけでしょう」

「密輸」の仕方

西野さんはその後も新しい音楽を日本に紹介していく。ソ連のポップスにも関心を持つようになった。ソ連を代表する歌手になるアーラ・プガチョワさんもその一人だ。1978年にリリースした「王様は何でもやり放題」を、モスクワ放送の番組で流した。恋愛をテーマにした曲だったが、ブレジネフ指導部を王様に見立てたと解釈した当局によって、のちに放送禁止になってしまった。1982年には「百万本のバラ」を番組で流した。まだソ連でもヒットしておらず、放送当時は「反響はあんまりなかった」という。だが、翌1983年1月にプガチョワさんがサーカスでこの歌を歌うと、大ヒット。プガチョワさんのソ連での人気は不動のものになっていく。4年後には、加藤登紀子《かとうときこ》さんが歌って日本でも大ヒットすることになる。

できなかったこともある。反体制的な詩人で、歌手で、俳優でもあるウラジーミル・ヴィソツキーの曲を流すことだ。酒でつぶれた声を絞り出し、「奴は戦闘から戻らなかった」と叫ぶ歌声は１９７０年代のソ連で大変な人気があったが、国営のレコード会社「メロディア」からは生前、ＬＰ１枚とＥＰ４枚がわずかな枚数プレスされただけだった（宮澤俊一《みやざわしゅんいち》さん執筆の日本版ＣＤのライナーノーツによる）。ごく内輪の集まりなどで演奏された音源を密かに録音したものが、カセットテープで次々にダビングされて出回っていた。西野さんも、アパートに遊びに来たロシア人の友人がギターを奏でながら歌うのを聴いた。

当局との確執がヴィソツキーの健康をむしばんだと言われている。１９８０年７月のモスクワ五輪のさなかに心臓発作を起こし、42歳の若さで亡くなった。その死は新聞やテレビでは報道されなかったが、人々の口から口へと伝わっていった。葬儀は自身がハムレットを演じたモスクワの下町にあるタガンカ劇場で行われたが、その周辺に10万もの人々が集まったと言われている。西野さんは当日の仕事を早めに切り上げて、現場に向かい、劇団員にかつがれた棺《ひつぎ》や、先頭を歩く演出家のユーリー・リュビーモフさんの姿を目撃した。

それから四半世紀のち、私もタガンカ劇場に隣接した記念館で、葬儀を描いた絵を見たことがある。十重二十重《とえはたえ》に取り囲む人々の姿が描かれていた。絵に見入っていると、職員の女性が一所懸命にそのときのことを説明してくれた。

１９８０年ごろに、西野さんは日本のテクノポップバンド「イエロー・マジック・オーケストラ（ＹＭＯ）」の曲をかけたことがある。そのことを忘れていたそうだが、熱心なリスナーが西野さんがソ連の音楽雑誌に寄稿したＹＭＯについてのリポートを見つけて問い合わせてきたことで、思い出したという。

ＹＭＯにしても、当時のソ連でレコードを手に入れることは難しかっただろう。どうしたのか。

「いろいろね、日本の情報を収集していたのですよ」

西野さんはいたずらっぽく笑った。ソ連の音楽家や劇団などが日本で公演するとき、モスクワ放送の日本人スタッフが通訳として同行することがあった。その際、西野さんは目黒の実家に連絡して日本で流行している最新の音楽のレコードなどを用意してもらい、そのスタッフの泊まっているホテルに持っていってもらうなどして、受け取っていたというのだ。

「有名な音楽家の一行なんかがソ連に帰ってくるときは、税関はちゃんとチェックしなかったみたい。いかにもソ連らしいでしょ」

西野さん自身がビートルズのレコードを持ち込んだのと同じ手口が、何度も通用したのだという。放送した後に、そのレコードをどうやって持ち込んだのか詮索されなかったというのも、いかにもソ連らしい緩さだ。西野さんにはそんな生活が水に合っていたようだ。ちなみに、そのレコードは今どうなっているのか。

「帰国するときの歓送パーティーで、ロシアや東欧の人にあげてしまいました。その代わり、ハンガリーやチェコのロックのレコードは持って帰りましたけど」

帰国の決断

１９８３年春、西野さんはモスクワ放送を去った。35歳になっていた。最初は2年契約だったが、更新を重ねて計10年になった。その間に、リトアニアで生まれ育ったロシア人で、５歳年下のオリガさんと知り合って結婚。81年秋には長女も誕生していた。

西野さんの活躍と退任を伝える記事が「朝日新聞」（83年5月25日）に「特派員メモ」として載っている。

「日本の短波専門誌の調査によると、西野氏のディスクジョッキー番組『ミッドナイト・イン・モスコー』は『海外日本語番組ベスト30』の第三位にのし上がっている」

執筆した元朝日新聞モスクワ特派員の高山智《たかやまさとし》さんは、２０２２年9月の横浜でのイベントにも顔を出していた。

なぜこのタイミングで見切りをつけたのか。高山さんの記事には「『やめないで』と訴える短波ファンからの手紙がモスクワ放送日本課に続々舞い込んでいる」とも書かれている。

西野さんに尋ねると、少し考え込んだうえでこんな風に答えた。

「中途半端に帰るのが嫌で、なんらかのことをやり遂げたいと思って10年やった。企画は通ったし、居心地はよかった。でも10年以上残っている人の姿を見ると、ソ連社会に同化しているように感じた。このままいると、日本的なものを失ってしまうような気もしたんです」

母親が徐々に弱ってきていたのも気にかかっていたという。オリガさんも日本行きに反対しなかった。

スーツケースとギターケースを抱え、船と鉄道、飛行機を乗り継いで単身モスクワに来た青年は、家族とともに成田空港への直行便に乗り込んで、去って行った。

「毎日が事件だった。体験したことを当時克明に記録していたし、今でも目をつぶれば思い出せる」

そんな10年間は、少し遅めの青春であり、冒険の日々だった。西野さんは夢をモスクワに置いて、東京の現実に復帰していったのだった。


4年後、すれ違うようにソ連に入ってきた日本人がいた。

第2章 30年の夢探しの旅

長いモラトリアム

１９８７年の冬、モスクワ放送に日本から新しい職員がやってきた。日向寺康雄《ひゅうがじやすお》さん（65）。珍しい名字は、茨城県東南の沿岸部にルーツがあるようだ。

ペレストロイカ、ソ連崩壊、急激な資本主義導入による新生ロシアの混迷、プーチン大統領による権威主義の復活と西側との対立……。日向寺さんはアナウンサーとして、30年にわたってロシアの現代史を日本に伝えることになる。

横浜市で開かれた２０２２年9月11日のイベントで日向寺さんは、西野さんに続いて紹介された。親しみやすい笑顔が印象的だ。ソ連のマークのついた派手なＴシャツを何枚も着替えながら、語り続けた。少し高めで、聞き取りやすい声の持ち主だ。同じようにレービン課長のネタで場をなごませた。日本課に属して間もないころ、こう言われたという。

「西野ほどにはやらないでね、って言われましたよ」

ビートルズを黙って流すようなことはやめてね、ということらしかった。頭が固いようでいて、優柔不断なところのあるレービンさんのキャラクターは、時代を超えて受け入れられていた。

１９５8年に横浜で生まれた日向寺さんが、モスクワに渡ったのは29歳のときだ。そこに至るまでの日々を追いかけてみたい。

地元のカトリック系の進学校で中学・高校生活を送った。

「モスクワ五輪を目指していたこともあるのです」

お腹が出て、丸くなった今では考えられないけれども、中学生のころは体操部に所属し、体重も30キロ台だったという。

高校に進んだころ、ソ連や東欧に興味を持つようになる。学校のあった横浜からソ連のナホトカとの間に航路があったことも影響していたそうだ。まさに日向寺さんが高校生のころ、西野さんがこの航路を通ってモスクワに向かったのだった。

日向寺さんは留学ができないかとユーゴスラビア、チェコスロバキア、ソ連の在京の大使館に手紙を書いたこともある。実現はしなかったが、親切に対応してくれたのがソ連大使館の日本人職員だった。

推薦で早稲田大学第一文学部に進学が決まると、高３の３学期からロシア語の勉強を始める。大学に入学後、露文の名で知られるロシア文学専攻に進んだのも自然な流れだった。元体操少年らしく、ソ連の女子選手の追っかけをしたこともあるそうだ。

だが、その道はまっすぐソ連に向かったわけではない。歌手の山本《やまもと》リンダさんに憧れ、その後は「アイドル歌手のマネジャーをやっていたこともあります」。

戦争が終わったばかりのベトナムから来日した少女に熱を上げた。

「早稲田大学祭で山口百恵《やまぐちももえ》の『いい日旅立ち』を歌わせ、日本テレビが放送していたオーディション番組『スター誕生！』で決勝まで進みました」

当時「スタ誕」と呼ばれた国民的番組にアプローチしたことで、音楽業界のプロの目に留まってレコードデビューも決まったと記憶している。歌手の谷村新司《たにむらしんじ》さんの前座として、香港でのコンサートに出演。ベトナム難民のチャリティー活動にも参加した。

結局、プロの歌手にまではならなかったというのだが。

あまりに劇的な出来事の連続に、話を聞いていた私は「本当なのか?」と疑ったほどだった。しばらくたって、それを裏付けてくれる人が現れた。日向寺さんの友人で、筑波技術大学教授を務める大杉豊《おおすぎゆたか》さん(60)。メールでこの少女のことが書かれた本の存在を教えてくれた。『難民少女チャウの出発《たびだち》』(三宅直子著)。

1983年に書かれたこの本のページをめくると、1982年7月14日の「スタ誕」決勝大会で優勝し、司会の西川《にしかわ》きよしさんの隣でトロフィーを抱えて、感極まって涙ぐむ細身の少女の写真が目に飛び込んできた。決勝に進んだだけでなく、優勝していたのだ。少女はルー・フィン・チャウさん。このとき16歳。

本には「日向寺青年」のことも書かれていた。81年秋の早稲田大学祭の催し「ビルマ・ベトナム・バラエティーショウ」でチャウさんのお父さんにベトナム舞踊を披露してくれるように依頼に行ったのが、チャウさんと知り合うきっかけだったようだ。

お父さんたちの舞踊だけでなく、そこでチャウさんが得意な曲を披露し、「スタ誕」の頂点にまで上り詰めていったのだ。

耳の聞こえない大杉さんは81年に早稲田大学教育学部に入学し、ボランティアサークル「のびる会」に入った。日向寺さんとの出会いはその年。本部キャンパス8号館地下にあった、薄暗いサークルの部室だった。

5歳ほど年上だが卒業せず、なぜかたまに顔を出し、年下の仲間たちから「ガジさん」「ガジマル」と気安く呼ばれていた日向寺さんは、大杉さんにとって興味を惹《ひ》かれる存在だった。気が合って一緒に行動し、早稲田大学祭に向けた活動でチャウさんの家にも行った。そこで日向寺さんの意外な一面を見る。

チャウさんのお母さんからベトナム料理を教えてもらい、その謝礼の名目で、日向寺さんが仲間から少しずつお金を集めて渡していた。チャウさんの家は南ベトナムの首都サイゴン（現・ホーチミン）でよい暮らしをしていたらしい。でも、異国での生活に困っていた。そうした一家に、恥をかかせずに、ささやかながら心を込めて、「援助」と言わずに援助をしていたのだった。

日向寺さんが高校生のころから新聞配達を続け、アルバイトをしながら学生生活を送っていたことも知った。

「ただのお気楽な人ではないんだ」

信頼感が生まれた。

そのガジさんが、在日ソ連大使館発行の広報誌「今日のソ連邦」に載ったろうあ者専門劇場「国立モスクワ・パントマイム劇場」を紹介する記事を持ってきてくれた。

「彼らはどんなふうに表現するのだろうか」

1960年代からソ連で耳の聞こえない人たちの自立を支え続ける存在に、2人は心を引かれ、情報を集めた。

日向寺さんがロシア語でモスクワに手紙を書いたが、なしのつぶて。それでもあきらめずに劇場とそこに関わる人たちのことを調べた。1982年、東京で開かれたソ連結成60周年記念の論文コンクールで、彼らのことを書いて入賞。副賞として10日間モスクワに招待された。現地に着いたのは同年11月。ブレジネフ書記長の葬儀の日だった。モスクワ放送に呼ばれ、「文化の時間」の番組でインタビューを受け、その後、放送局入りを勧誘された。モスクワ放送の東京特派員がテストをするところまで話が進んだ。

日向寺さんは翌83年春にも、大杉さんと一緒にモスクワを訪問。連日演じられるパントマイムを堪能した。

「いつかこの劇場を日本に呼ぼう」

お互いの指を傷つけて一滴ずつ血をたらしたウオトカの杯を飲み干す「義兄弟」のちぎりを交わしていた2人にとって、それは共通の目標になった。日向寺さんのソ連、ロシアへのあこがれはさらに燃え上がっていった。

そのころ、早稲田大学ロシア文学専攻の教員で、ロシア文学専門の出版社「群像社」を設立した宮澤俊一さんが、「現代のロシア文学」シリーズの刊行を始めていた。第1巻の短編作家、シュクシーンの『日曜日に老いたる母は』は1983年9月1日発売。

ところがこの日、ソ連軍機が大韓航空機を撃墜する事件が起きた。世間は「ソ連」「ロシア」に背を向けた。営業を手伝って書店を回っていた日向寺さんだが、受ける対応は厳しくなった。宮澤さんは借金を抱え、大学生生活8年目の日向寺さんもアルバイト料をもらえなくなってしまった。熱い思いに水をかけられてしまった。

「ロシアと付き合うと、そんなことばかりですよ」

日向寺さんはそのころを思い出して、苦笑するばかりだった。

途中まで進んだモスクワ放送就職の話も、「空きができるまで」何年も待たされることになった。大学は休学・留年を含めて9年間在籍して卒業。卒業論文のタイトルは「国立モスクワ・パントマイム劇場の現状と日本公演実現に向けて」。その後も2年あまり新聞配達をしながら、チャンスを待ち続けた。

嫌われ者の代名詞

日向寺さんが長い学生生活とアルバイトを経て、モスクワ放送に入るまでの１９７０年代後半から80年代後半にかけてのことは、9学年下になる私にもいくつかの記憶が残っている。その間ほぼ一環して、ソ連は日本人にとって嫌われ者の代名詞だった。後身のロシアが戦争を起こして叩かれている今と重なって見える。

サケやマスの漁獲高を巡る交渉で一方的な主張を展開したり、日本の漁船を拿捕《だほ》したりするニュースが日常的に流れていた。北方領土問題は解決の糸口が見えない。1977年に日本で開かれたバレーボールの国際大会でソ連の女子チームが負けたことがテレビで報じられると、小学校の級友が「ソーレン、マケタ」と節をつけて歌っていた。その後も、アフガニスタン侵攻、そしてプロローグで記した大韓航空機撃墜事件と、悪い感情を上塗りしていく出来事が次々に起きた。

「鉄のカーテン」の向こう側の情報が不足していたことも相まって、得体の知れない物への恐れがあったのではないだろうか。

一方で、子ども時代の私には、みんなが嫌いだと思う物の実情を見たり、知ったりしてみたい気持ちがあった。

偶然モスクワ放送を聞いて、その存在を知った1983年。東京外国語大学ロシア語学科在学中に作家としてデビューした島田雅彦《しまだまさひこ》さんが、小説『亡命旅行者は叫び呟く』で2度目の芥川賞候補になった。主人公の選挙管理委員会職員のキトーは暇を持て余し、夏休みを取って2週間のソ連旅行に出かける。ナホトカの港に上陸して鉄路、空路を乗り継ぐ、西野さんが最初にたどったのと全く同じ経路でモスクワに入り、片言のロシア語で「異界」である閉ざされた社会主義国にあるモスクワの人々と接触を試みるのだ。今では佐藤優さんの『十五の夏』も出版され、ソ連への旅行のノウハウやその国民性は知られているけれど、当時の高校生にとっては初めて知ることばかりだった。

不思議の国をもっと知りたい。そんな気持ちが膨らんでいったのかもしれない。私は大学受験のとき、法学部など一般的な学部に交じって、ロシア語専門の学科のある大学を受けてしまった。今となってはよく思い出せないが、進路をめぐってさまざまな迷いがあったに違いない。普通でないことをしてみたかったのかもしれない。勉強に集中できないまま、ほかの大学は全滅。どういうわけか、その大学だけが拾ってくれた。だが、入学したものの、すぐに拒否反応が起きてしまった。視野を広げようと大学に来たのに、語学のスペシャリストを育てるのが目的のその学科では、語学漬けの生活をしなければ上に進めない。退学することになった。その道に入る覚悟もないくせに、中途半端な行動をして回り道をするはめになり、両親をはじめ、周囲の人々に大きな迷惑や心配をかけた。

日向寺さんの話を聞きながら、自分の過去を思い出していた。モスクワに到達するまでの長い道のりに、全てではないものの共感できるところはあった。それ以上に、「夢」の実現を信じて、西側とは正反対の生活に飛び込んで行った日向寺さんのソ連・ロシアへの思いの強さに驚いた。なぜそんなことができたのだろうか、と。

中学時代に体操選手を目指したり、大学でアイドルのマネジャーをやってみたりと模索を続けた日向寺さん。そんな中で「みんなと同じことをしていてもだめなのではないか。別のことを探さなければいけないのではないか」と考えるようになった。ひとりっ子として育ったが、両親との関係がうまくいかず、親が理想とする子どもになれない。小柄でやせていた。

「大きい人への憧れや変身願望があったのです」

それで惹きつけられたのが、「巨人の国」のイメージのあるソ連だったのだという。

ソ連に渡ってみると、そこには大きな人も、小さな人も、いろいろな人が生きていた。肌の色もいろいろ。多民族が共存していたソ連は、比較的人種差別の少ない社会だったと言われている。確かに、朝鮮系のロックスターや中央アジア・タタール系のアイドル歌手が生まれている。外からイメージするような巨大な白人だけの社会ではなかった。

「ソ連、ロシアは私のコンプレックスを消してくれたのです」

考古学者かと皮肉を言われて

初めての社会人生活がモスクワで始まった。

日本から飛行機で10時間かかる体制の違う隣国の首都は、額にあざがある独特の風貌の50代の若い指導者、ゴルバチョフによるペレストロイカのただ中にあった。改革の熱気とともに、政権が西側に接近したことで、自由な気風が芽生えていた。

「明るい前向きなエネルギーが街中にあふれていました」

日向寺さんは振り返る。

与えられたのは、ロシア語のニュース原稿を日本語に翻訳する仕事だった。大学でロシア文学を専攻したとはいえ、毎日決まった時間に間に合うように原稿を用意するのは大変なことだった。改革の途上とはいえ、官僚国家の公式見解には独特の言い回しが多い。

「ペレストロイカのことは肯定的に訳すように」

自由になったとはいえ、国の立場を伝えるのが仕事だ。そんな注文もつく。時計とにらめっこしながら、辞書にかじりついては悩み続けた。

「考古学者みたいだな」

口の悪い同僚が言った。ニュースを掘り当てるまでいったいどれくらいかかるんだ。独特の表現で、翻訳のスピードの遅さを皮肉られた。

アナウンサーを兼務し、各地のペレストロイカの活動を伝える番組を担当するようにもなったが、当時は「プロパガンダを流しているというような強い意識は持ちませんでした」。

慢性的な物不足が、改革の中でかえって深刻になっていた。例えば、牛乳が出回らないことがあった。生産は十分されているはずなのに、なぜ届かないのか。聞いてみると、「運転手が夏休みに入っている」。運ばれないまま、捨てられていたのだった。

「でも、あるところにはあったのです」

西野さんのときもそうだったというが、新人職員が家財道具をそろえるためには、局の女性職員と架空の婚約証明書を作ることになっていた。それを国営デパートに持っていくと、布団や枕といった品物を待たずに買うことができた。「婚約」なのだから、その後に結婚しなくてもおとがめはない。

国営組織である「ソ連国家ラジオ・テレビ委員会」の職員は、やはり恵まれていたようだ。給料の一部は外貨で支払われ、日本に送金することができた。

定期的に食料品・日用品の購入希望リストが配られた。

「全商品にチェックを入れて提出するのです。すると、全商品のなかから、そのときに流通している一部の商品が箱に入れて送られてくる仕組みでした」

60年以上続いた社会主義体制、官僚主義は限界に達しようとしていた。

前年のチェルノブイリ原発事故の対応を巡ってその隠蔽体質を国際社会から再び批判され、言論の制限は徐々に取り払われつつあった。グラスノスチ（表現の自由、情報公開）。それはモスクワ放送にも訪れていた。

西野さんの活躍をきっかけに放送をよく聞くようになった前出の蒲生昌明さんは、1986〜87年ごろ、放送される音楽が変化してきたことに気付いた。

「禁制だったはずのソ連の反体制詩人パステルナークの作詞した曲『雪』が流れてきて、びっくりしたのを覚えています。流したスタッフがクビになるんじゃないかと、いらぬ心配をしたものです」

アナウンサーになった日向寺さんは追い風に乗るように、音楽や文化の番組で、アンダーグラウンドから表の世界に出てきたソ連のロック音楽を紹介するようになった。

その一人はヴィクトル・ツォイ。朝鮮系でカザフ共和国（現・カザフスタン）出身の父を持つ。レニングラード（現・サンクトペテルブルク）でボイラーマンをしていた。１８０センチを超える大男。無造作に伸ばした黒髪に、目は細く、頬骨が突き出ていた。

ソ連国内で広くその存在が知られるようになったのは、カザフ共和国でつくられた映画『針（邦題『僕の無事を祈ってくれ』）』（１９８８年）に主演したことだ。主人公が麻薬中毒の恋人を救うためにマフィアと対決するという筋立てだった。「血液型」という主題歌のタイトルは、79年に始まったアフガニスタン侵攻に動員された兵士が身につけていた血液型入りの身分証を連想させた。社会の暗部を描き出すこの映画は、その時代のギリギリの表現だったに違いない。

この映画はモスクワでは上映されず、地方都市に出向いて見た日向寺さんは、ツォイの率いるロックバンド「キノー」の曲を番組で流した。映画が日本で上映されたこともあり、日本のＦＭ局が日向寺さんにツォイのインタビューを依頼してきた。

「シャイで、ぼそぼそとしゃべる人でした」

1990年8月、ツォイは交通事故で亡くなった。28歳。ソ連崩壊の前年のことだった。

「変革《ペレメン》を。ぼくらは変革を待っている」

時代を映し出すようなツォイの歌と悲劇的な生き方は伝説になった。小さなことではあるけれど、日向寺さんは日本にこうした文化を伝える素地を作った。

日向寺さんはそのころ、日本の民放ラジオの深夜放送にも月に一度、出演するようになり、徐々に存在感を発揮していく。

「世界が良い流れになっていく。ソ連と米国が共存していく感じがあった。楽しい時代でした」

ソ連の人たちも日向寺さんも、世の中が好転していくことを信じていた。

クーデター、声明だけを正確に

1991年。20世紀に70年近く続いた人類初の社会主義国・ソビエト連邦は、最後の年を迎えようとしていた。

ゴルバチョフ大統領の改革は東西冷戦を終結させ、国際的には高い評価を受けたが、国内では経済や流通が行き詰まって店から商品がさらに消え、人々は生活必需品を手に入れるために行列を作らなければならなかった。その一方で、米国資本のファストフード店マクドナルドがモスクワに出店すると、西側の味とサービスを求めて、やはり人々は列を作った。ハンバーガーは目が飛び出るほど高価だったが、それでも人気だったのは、モノがなく自国通貨ルーブルを使う機会が少なかったからだとも皮肉られている。

経済の行き詰まりと共に、連邦を構成する15共和国の一部から離脱の動きが顕在化するようになった。

1月、広大なソ連の西北端に位置するバルト3国の一つ、リトアニアの首都に向けて、ソ連軍の戦車が進軍。最高会議議事堂やテレビ塔に集まった人々に発砲し、死者が出た。日向寺さんはベテラン職員から「血が流れたらソ連は終わりだ」と聞いていた。事態はその予言通りに動いていく。

ゴルバチョフ大統領はロシアやウクライナなど主要な共和国による緩やかな連合体をつくり、資本主義体制への移行を進めようとする「新連邦条約」の制定を目指した。

調印を目前に控えた8月19日。クリミア半島の別荘で夏休みを取っていたゴルバチョフが、社会主義体制を堅持しようとする政権内の保守派から軟禁された。彼らは国家非常事態委員会を名乗って、クーデターを起こす。

日本時間の夕方に放送されたモスクワからの日本語放送で、少し高い声の男性アナウンサーが非常事態委員会の声明を読んだ。

「ゴルバチョフ大統領が健康上の理由により、大統領の職務を遂行できないことから、ソ連国家元首の権限がゲンナージ・ヤナーエフ副大統領に移りました」

日向寺さんは一時帰国していた日本で、そのニュースに接した。ソ連ではまとまった夏休みを取得するのがならわしで、モスクワ放送日本課のスタッフの多くも休暇に入っていた。日向寺さんは、病気に倒れた母親の看護のために神奈川県内の病院にいた。


ニュースを読んだのは、当時26歳のアナウンサー兼翻訳員・山口英樹《やまぐちひでき》さん（58）。東京外国語大学でロシア語を専攻した後、日向寺さんの後輩として、モスクワに来て2年半だった。

この日の朝から国家非常事態委員会が報道機関を統制下に置いていた。

委員会は、国営テレビ局にはソ連国内に向けての声明の放送を命じており、すでに「中央テレビ」がその日の朝4回、声明を放送していた。女性アナウンサーのインナ・エルミロワさんが沈痛な表情で読み上げていた。後日、エルミロワさんに取材したノンフィクション作家、吉《よし》岡忍《おかしのぶ》さんの著書『鏡の国のクーデター　ソ連8月政変後を歩く』によると、その日は黄色の派手なワンピースを着てきたが、年配の職員から地味な白のブラウスとカーディガンを借り、着替えてから放送に臨んだ。声明を読むが賛同はしない。そんな意思表示だった。

委員会は、外国に政府の情報を流すモスクワ放送にも声明の放送を命じていた。普段はモスクワ時間の午前9時にロシア語のニュース原稿が上司から届いて、日本語への翻訳に取りかかる。だが、この日は原稿が届かない。日本人スタッフには待機が命じられた。昼が近づいても原稿はまだ来ない。モスクワと日本の時差は6時間。録音し、検閲を経て日本時間の夕方に放送されるようにするにはギリギリの時間だった。

「どちらの側につこうか、困っているのだな」

なかなか原稿が届かないことについて、山口さんはそう考えていた。日本人スタッフは一つの編集室に集まって情報を集めようとしたが、インターネットなどない時代だ。容易には手に入らなかった。ゴルバチョフ大統領の安否などは分からず、「通りを戦車が走っていた」といった自分たちの目撃情報しかなかった。

結局、午後0時15分、声明の原稿が届き、それを翻訳して論評抜きで全文をそのまま放送することになった。

慌ただしく翻訳を終えた山口さんは、マイクだけが置かれた狭いスタジオに入った。透明な窓を隔てた隣の部屋では、ソ連人の録音技師と、日本語が堪能な検閲官が座っていた。アナウンサーが原稿通りに読み上げたかを彼らがチェックし、確認してから放送する仕組みだった。

山口さんの当日の放送の音源がＹｏｕＴｕｂｅに上がっている。ニュースの枠ではなく、本来ならニュースの後に放送される「ニュース解説」の枠で放送されている。

オープニング曲、ソ連の作曲家スヴィリードフの曲「時よ、進め！」の厳かな調べが流れる。

それに乗って、山口さんが話す。

「『ラジオジャーナル　今日の話題』の時間です」

わずかな沈黙の後、声明の朗読が始まった。

「ソ連指導部は声明を発表し、その中で、ソ連の特定地域に半年間、非常事態が導入されたことが指摘されました。国内全域が無条件で、ソ連憲法と連邦法の支配下に置かれます。また、国の管理と、非常事態体制の効果的な実現のため、ソ連国家非常事態委員会が作られました」

不自然な直訳調のアナウンスは13分ほど続く。

「私は普段は早口なんですけど、ゆっくり読んでますね。検閲官が分かるように、間違えないように、と慎重にしたのでしょう」

2022年秋、横浜市内のカフェで向かい合った山口さんはそう話した。童顔だった当時と違って、頭も白髪交じりになっていたけれど、声は当時と同じように少し高かった。

放送局はモスクワの中心部、ソ連美術の最高峰の作品を集めたトレチャコフ美術館のすぐ近くにあった。その日、レンガ色の10階建ての建物の6階にある日本課の窓からそっと中庭を見ると、午前中には見えなかった戦車が止まっていた。玄関では銃を持った兵士が、出勤する局員の身分証をチェックした。

「（当時のソ連には）空港や街に銃を持った兵士がいたから、それほど緊迫感はありませんでした。怖くなかったのは、若かったのと外国人だったからかもしれません」

山口さんはそう振り返る。

「静かで落ち着いていた」

約7500キロ離れた日本で、ラジオから流れてくる山口さんの声を聞いていた日向寺さんはそんな印象を持ったことを覚えている。普段とは逆の立場で聞くモスクワ放送の流す内容は、日々変化していった。

「初日は国家非常事態委員会の言う通りの放送。2日目に中立になり、3日目は（クーデターに対抗する）民主派の動きを伝える内容に変わっていった」

ソ連を構成する15共和国のうち最大のロシア共和国の大統領・エリツィンの反発もあってクーデターは失速し、わずか3日で鎮圧された。大統領代行、国家元首を名乗ったヤナーエフらは捕らえられた。

発生5日後の1991年8月24日。NHKラジオの番組の取材に答えている山口さんの音声が、やはりYouTubeに上がっている。

「今、マスコミは非常に自由な雰囲気が漂っています」

冷静な語り口ながら、山口さんの口調から、ほっとした空気が伝わってくる。

「クーデターが終わった後、日本課の（レービン）課長が直々にマイクの前に立ちまして、

『これまでモスクワ放送はKGB《カーゲーベー》や内務省からの圧力がありましたが、クーデターが終わったこれからは、自由に客観的に報道することができます』。こういう言葉を言ったことが印象的でした」

クーデター直後の声明を読み上げたときの自分の態度についても触れている。

「翻訳をするときは、言葉なんかも一つ一つ慎重に訳して、読み上げるときも落ち着いてゆっくりと一語一語はっきりと伝えるようにしました」

クーデターを起こした側の声明を読むことに、抵抗感はなかったのだろうか。NHKのアナウンサーからの問いかけには、こんなふうに答えている。

「ぼくらの仕事は（放送局の執行機関である）放送委員会から出されたものを確実に伝えることです。声明だけを正確に伝えようと心がけました」

国営放送の「限界」

山口さんがモスクワ放送に入局したのは、日向寺さんの入局から1年あまりが過ぎた1989年初めだった。日本では改革を掲げるゴルバチョフのソフトな笑顔を信じようとする考えと、東側の盟主だったソ連をやはり信用ならないものとして敵視する考えとが交錯していた。

「もともと、できる人はできるように、できない人もその人なりに暮らすことができるというソ連の社会に対して共感するところがあったのです。それに、日本で報道されていることは本当なのか。実際に見てみるとどうなのか。知りたくて行ったようなところがあります。行って見てみると、（日本の保守派が説くような）『悪の帝国』でもなく、（革新的な人たちが言うような）すばらしいところでもなく、極端に言われていることは、どちらも正しくないことが分かりました」

ヤナーエフらの声明を読み上げるときのような、のっぴきならない状況を含めて、ソ連の国家が運営して西側陣営の日本に向けられたモスクワ放送は、いわばプロパガンダを流す場である。どんな考え方で働いていたのだろうか。当時の記憶が不確かだと断ったうえで、こんなふうに答えてくれた。

「聞かれた方が情報を取捨選択してください、という気持ちでした。『これはソ連の公式見解ですよ』と言いたかった。肩入れするとか、違うとか、自分のメッセージを込めることはなかった。自分の体感は、ニュース以外のところで伝えるようにしていました。その自分の判断が合っているのか、間違っているのかは分かりませんでしたが……」

当時の「朝日新聞」は「19日、チェコスロバキア向けの放送を担当したアナウンサーが、非常事態国家委員会の声明を読むのを拒否、スタジオから追い出された」（大阪本社版１９９１年８月23日朝刊）という改革派職員の話を伝えている。チェコスロバキアはこの23年前の８月、「プラハの春」と呼ばれた民主化の動きをソ連の軍事介入によって踏みにじられていた。ようやく1989年の「ビロード革命」で共産党独裁を脱した国だった。声明を読むことを拒否したアナウンサーの国籍は確認できなかった。だが、「もしチェコスロバキアにルーツを持つ人であるならば、過酷な歴史がそのような行動を生んだのではないか」。熱心なリスナーの一人がそんな見方を教えてくれた。

『新生ロシア1991』という映画がある。このクーデターのときのソ連第2の都市レニングラードの市民の抗議活動を記録したものだ。レニングラードでも、モスクワ同様に市民が街の中心部に繰り出したのだ。映画には、秘密警察出身で、東ドイツから帰国したばかりの若き日のプーチン大統領も映り込んでいる。

ウクライナ出身の映画監督セルゲイ・ロズニツァの作品で、2023年1月に日本でも公開された。

この映画の上映に際して、当時、TBSモスクワ支局長だった金平茂紀《かねひらしげのり》さん（69）のトークショーが東京・渋谷の映画館であった。クーデターがあった1991年の春に、現地に赴任したばかりだったという。この機会に金平さんに、クーデターの間、日本のマスコミの特派員はどんな取材をしていたのかを聞いてみた。

金平さん自身は8月19日の朝、モスクワ中心部の大通りに近いアパートの前を戦車が次々と通り過ぎていくのを奥さんが目撃して、気付いたという。

そして1週間、不眠不休で取材を続けた。現場に行って情勢を探り、人々の話に耳を傾けた。市民がロシア共和国最高会議の建物を守るため、庁舎のあるモスクワ川岸に続々と集まってくるのを目撃した。

ソ連国営テレビなどは、クーデターを起こした共産党保守派の国家非常事態委員会に制圧され、「ゴルバチョフ大統領が退いたこと」しか伝えなかった。委員会の決定や声明だけが流れ、それ以外の時間には「白鳥の湖」といったバレエの曲が流れていたという。一方、独立系ラジオ局「エホ・モスクヴィ（モスクワのこだま）」は初日の19日に国家非常事態委員会から放送を停止されたが、翌20日には、ソ連の構成国であるにもかかわらず、すでに別の権力機構と化していたロシア共和国側から放送再開の許可を得て、クーデターに反対する立場から独自の情報を流し始めた。

現地の放送について、「朝日新聞」（大阪本社版1991年8月23日朝刊）がこう伝えている。「市民はエホ・モスクヴィを聞いて集まり、保守派の声明は誰も信じていなかった」

同紙はこのラジオ局については「去年（編注：1990年）8月、ラジオやテレビの開設が自由化されたのを受けて作られた、いわばグラスノスチ政策の落とし子だ」と説明し、「受信地域がモスクワ市内だけに限られた小メディアだが、ロシア共和国最高会議庁舎にたてこもった改革派の動静やクーデター側軍部隊の動きなどを刻々、市民に伝えた」と書いている。

その一方で、決定・声明を日本向けに伝えていたモスクワ放送日本課の当時の行動について尋ねると、金平さんは少し考えて言った。

「それはモスクワ放送の限界だったのでしょうね」

西側のメディア人としての矜持《きょうじ》が強い金平さんとしては、国営放送と自分たちの仕事を比べられること自体がナンセンスに感じられ、そんな気持ちを「限界」と婉曲《えんきょく》に言ったのだろう。

当局から給料をもらい、当局の許す範囲でしかものを伝えることができないのが、国営の対外放送であるモスクワ放送の仕事だった。

一方、現代の日本の新聞やテレビは、独立した存在として権力と対峙《たいじ》できているのだろうか。クーデターの当時、日本では政府の情報を公開するルールはなかった。今は「原則公開」をうたう情報公開法が作られたが、重要な情報は「公開の例外」にされてしまう。「忖度《そんたく》」という嫌な言葉もある。メディアが当局の握った情報にコントロールされている面は否めない。体制の全く異なるソ連の報道機関と日本のそれとでは比較の対象にはならないが、現状では日本の報道機関の方がすぐれているとは必ずしも言えないと思えてくる。

ソ連がその存在を停止する

夜間に流れてくるモスクワからの音声に耳を傾けていた日向寺康雄さんは、後輩である山口さんの仕事ぶりを頼もしく聞いていた。日向寺さんは、山口さんが覚えていないことも指摘している。

「山口アナウンサーはあのさなかに、さりげなくモスクワの天気や街の様子を伝えていた。先輩の西野イズムが受け継がれているなと感じました」

街が普段と変わらない状態であると一言言うだけで、クーデターの情勢に直接言及しなくても、聞き手に伝わるものがあったはずだ。とかくプロパガンダを垂れ流す存在だと言われる外国向けの国営放送だけれど、スタッフは自分のできる範囲でやるべきことをする努力はしている。日向寺さんはそう言いたかったのだ。

夏のクーデター未遂事件を境に、ソ連は坂道を転げ落ちるように一気に崩壊への道を進んでいった。ゴルバチョフ大統領は権力基盤を失い、代わってロシア共和国のエリツィン大統領が主導権を握るようになった。15共和国のうち、バルト3国が独立を宣言。ロシアなど有力な共和国が独立国家共同体（ＣＩＳ）を結成した。ソ連という国が間もなく何かに変容していくのは明らかだった。

24歳で毎日新聞社に入った私も、その年、北九州市小倉北区にあった西部本社の編集局で新人整理部員として、モスクワ発の原稿と向かい合っていた。特派員の情報源はそれまでの国営メディアから、インタファクス通信など新興の独立系メディアへと移りつつあった。わくわくするような日々だった。

モスクワが夕方を迎える日本時間の深夜、日付が変わるころに、連日のように大ニュースが飛び込んでくるようになった。

締切ギリギリの時間に届く原稿に対応して、1面の大見出しを付けなければならない。新人整理記者にとって、時計をにらみながらのドキドキする時間だった。

「ゴ大統領が辞意」

12月12日深夜、日付が変わる直前に飛び込んで来た特派員原稿に、ベタ黒白抜きの特大の横見出しを付け、13日朝刊の途中版から入れた。そのあおりで早版では1面トップだった「南北朝鮮が和解と不可侵で合意した」という当時としては画期的なニュースを紙面下に追いやることになり、韓国や北朝鮮のニュースに敏感な先輩たちからこっぴどくしかられたのを覚えている。ともかく、いよいよその日は近づいていた。


寒さが増すモスクワで、日向寺アナウンサーが歴史の転換点となるアナウンスをした。1991年12月下旬のことだった。

時刻は夕方にさしかかっていた。日向寺さんは日本に向けて、その日最後のニュースの録音にとりかかっていた。そこにアルバイトの日本人女性が飛び込んできた。

「レービンさん（日本課長）がニュースを差し替えなさいと言ってます」

彼女が手にしていたのは、藁半紙《わらばんし》に手書きで書き留められた原稿だった。ソ連の国営タス通信の速報だろうか。

「ソ連がその存在を停止する」

ロシア語の原稿を翻訳してみると、そんな日本語になった。この一文にあった「スシェスブーエット（存在する）」という動詞の変化形が頭にこびりついているという。いったいこれは、どういうことを指すのか、そのときはすぐに理解できないまま、読み上げた。

仕事を終えて家に向かうとき、モスクワは新年を前にした、いつもの街だった。不穏な空気はなかった。だが、外国人職員に与えられたアパートの部屋に帰ると、日本から問い合わせの電話が次々に鳴った。

「ソ連がなくなってしまうのですね」

自分が読み上げた原稿に関して、マスコミ関係者らが確認を求めたり、街の様子を尋ねたりしてきた。

日本の12月22日朝刊各紙は「ソ連邦消滅」の大見出しを掲げた。「朝日新聞」東京本社版の1面は、ロシアやウクライナなど11共和国首脳がゴルバチョフ大統領に対し、「ソ連とソ連大統領職は存在しなくなった」ことを伝えるアピールを採択したことを伝えている。日向寺さんの放送は前日の12月21日だったと推定される。

12月25日、クレムリンにはためいていた赤地に金の鎌と鎚のマークがついたソ連国旗が降ろされ、代わりに白青赤三色のロシア連邦旗が掲げられた。

オウムに電波を売り渡した

1991年末のソ連崩壊を伝えた日向寺さんは、その10日ほど後の新春特別番組を担当した。「ス・ノービム・ゴーダム（ロシア語の新年のあいさつ）、新年おめでとう」と題された音楽を中心にした番組だ。その終わりに、こう宣言した。

「みなさんとともにロシアをとことん伝えていきたい。どんな国になっていくのかを」

だが、よりよい社会が訪れるという期待はあっさりと裏切られた。社会主義はみんなが同じように暮らし、突出するものを嫌う社会だった。その体制が行き詰まったからといって、代わりにそこに突然競争原理がベースの資本主義を導入したのだから、ひとたまりもない。1992年1月の価格の自由化で、物価は予想を超えて高騰する。高齢者や失業者といった弱者が路頭にあふれた。

日向寺さんや山口さんと同僚のアナウンサーだった橘《たちばな》克子《よしこ》さんがこの年の2月にNHKの番組に出演して、事情を説明している。「目の玉が飛び出るほどに」物価が上がっていること、一方でこれまで市場で見たことのないような商品が出回るようになってきたこと、特に子どもの服やタイツ、靴下といった必需品の種類やサイズが豊富になっていることなどをレポートしていた。ロシア人男性と結婚し、小さな子どもを抱えて混乱の渦中の異国で必死に働き、生活していた橘さんの話は、説得力があった。

放送局も資本主義の波にのまれていく。モスクワ放送が持つ中波のいくつかの周波数のうち、最も聞きやすかったと言われる720キロヘルツについて、日本時間の午後11時台をロシア政府がオウム真理教に売り渡していたことが当時取りざたされている。かつてソ連嫌いを前面に出していた「週刊新潮」や、写真週刊誌「フライデー」が皮肉を込めて取り上げている。事態は極めて深刻だった。「オウム真理教放送」が1992年4月に始まったとき、教団はすでに坂本弁護士一家殺害事件を起こしていたことがのちに判明する。放送は松本サリン事件、地下鉄サリン事件のさなかにも流されていた。外国だとはいえ、殺人事件を起こした集団に公共財産である電波を提供したのだから、強い非難を受けても仕方がない行為だった。

「毎日新聞」は1995年、モスクワ放送から改称した「ロシアの声」のレービン日本課長に取材している。西野さんの上司だったあのレービンさんだ。1992年10月に教団独特の黄色い服装をした4人の信者が訪れたことを語り、「当時、日本向けに（編注：毎日）4時間の放送をしていた。訪れた人は、この4時間の枠をすべて欲しいと要求してきた。それに見合った相当の補償はすると迫られた。オウム真理教については良からぬうわさを聞いていたので断ったが金額的には魅力のある話だった」（東京本社版1995年4月18日夕刊）と告白している。

日本課のスポークスマンだったレービンさんがどこまで実際の交渉や契約を把握していたの

かは分からない。

ハイパーインフレの中で、放送局の財政状況はかなり苦しかったようだ。前出の山口さんによると、日向寺さんと同様に給料の一部は現地でルーブル払い、一部はドル建てで日本に送金する雇用契約を結んでいたが、ソ連崩壊後、ドル建ての給料は遅配するようになった。93年初めに退職して帰国する際も、ロシアの航空会社アエロフロートのモスクワ―成田間のチケット代の支給がなく、自費で帰らなければならなかったという。

モスクワ市内に再び戦車が

首都モスクワの街に再び戦車が展開する事態が起きる。クーデターの約2年後に当たる1993年10月4日、ロシア連邦大統領のエリツィンが、自身と対立を深める議会強硬派が立てこもる最高会議ビル、通称ホワイトハウスに戦車部隊を派遣し、砲撃を命じたのだ。議事堂の上の方の階は黒焦げの無残な姿をさらした。ハズブラトフ最高会議議長やルツコイ「大統領代行」は拘束された。ロシア連邦保健省は同月22日に死者143人、負傷者735人と発表したが、実際にはもっと多かったと言われている。

日向寺さんは同僚のアナウンサーと局に向かった。この1カ月のロシアの政変は日本では大きく扱われているわけではなく、情報がきちんと伝えられていなかった。こういうときこそ、モスクワからの放送が求められていると考えた。

局に着いてみると、共産党系と民主派系のロシア人幹部が何通りかの「政治解説」のどれを使うかで言い争っていた。レービン課長は不在だった。レービンさんという人は、いつもそうだったのだそうだ。重要なときになればなるほど、自ら決めることを避けた。ゆえに責任を問われることなく、約40年にわたる気の遠くなるような期間、「課長」の座に居続けることができたのではないか。日向寺さんと山口さんは一致した見方をしている。

放送時間が迫っていた。日向寺さんは振り返る。

「仕方がないから、真ん中くらいの（論調の）原稿を訳して読みました」

後日、局幹部が来て「ロシア人として感謝する」と非常事態の中で日向寺さんの果たした役割を称えた。だが、続けてこうも言った。

「ヤーシャ（「康雄」の愛称）、ああいうときは来なくていいのだ。他の（外国語放送の）ガイジンは来なかったよ」

日本語放送、存続の危機

その直後、モスクワ放送は「ロシアの声」と名を変えた。

「経済的にも最悪な時期でしたね」

日向寺さんは当時のことを思い出して、うんざりするような表情になった。

インターバル・シグナルもムソルグスキー（ロシアの作曲家）の曲に変わった。〝キエフ（キーウ）の大門〟をテーマにした曲だ。

日向寺さんが「別の国（ウクライナ。かつてはソビエト連邦の構成国だったが、ソ連崩壊で独立国家になった）のことをテーマにしているのでは？」と尋ねたが、ロシア人のスタッフは「ルーシ（古代ロシア）はあそこから全てが始まっているのだから」と問題にされなかった。

1990年代半ば、日向寺さんが音楽番組やニュースの放送を通じて中堅アナウンサーとして活躍を続ける中、ロシア社会は「ギャング資本主義」と呼ぶ混迷の時代に突入していった。局を統括する政治家は「儲からないものは民営化」の路線に転換し、モスクワからの外国語放送は最盛期の半分の30言語ほどに減らされた。

東西冷戦はとうの昔に終わり、さらに東側そのものが世界から消えていた。東西双方の陣営にとって、放送を通じてお互いの思想をアピールし合う時代ではなくなっていた。

これからは、なんのために放送をするのか。

イデオロギーに縛られることはなく自由になったが、それは同時に、放送を運営する国家からすれば、お金をかけてまで宣伝するものがなくなっていたことを意味する。

日本語放送にも存続の危機が表面化した。リスナーから寄せられた手紙を紹介する長寿番組「お便りスパシーバ（ありがとう）」のコーナーで、日本人スタッフが放送存続を訴えた。リスナーが在日ロシア大使館に宛てて、放送言語削減を撤回するように求める手紙を送った。

ニュースの検閲は減っていった。従来は国営タス通信など国家の立場を伝える報道機関の情報だけを流していたが、独立系の民放テレビが流す情報や見方を原稿に付け加えても問題にならなくなった。

「元の原稿に言葉を付け加えても、誰もレービン課長に報告さえしない。放任されたのです。ソ連がなくなったことで、放送内容に誰も責任を持たなくなったということです」

日向寺さんは当時をそう振り返る。

ロシア国家が債務超過に陥る98年、放送局の経営危機はさらに進んでいく。政府が対外放送へ多額の予算を振り向ける余裕はなくなっていった。月給は一気に3分の1になった。

「今の日本円の価値で3万円くらいでしょうか」

放送局の外国人職員は、寮になっていたアパートからの退室を求められた。「外国人職員の部屋代を払う予算が取れない。やめるときは帰国の飛行機代を考慮する（負担するという趣旨）」という指示が出たようだった。ところが、レービン課長はなぜか日向寺さんにそのことを一言も伝えなかったという。

日向寺さんは残ることを決意した。

「ここで帰ってしまったら、これまでの10年が無駄になってしまう」

食べることはなんとかなった。加えて、知人が「空いた部屋がある。グルジア人（ジョージア人）が部屋代を踏み倒して出て行ったが、日本人ならいいだろう」と言って、格安の家賃で住まわせてくれた。

「それがロシアという国なのです」

身分や賃金が不安定になった代わりに、副業が容認された。バレエ団や音楽家の来日公演を仲介する業者に、通訳として雇われた。

「加えて、アーティストの発掘もしましたよ。ピアニストなんか、『金髪、青い目、170センチ以上、国際コンクールの上位入賞者ならなおよい』と見栄えが求められた。これまでの人脈を使ってモスクワ音楽院などに電話をかけて、対象になる人を探してプロモーターに売り込むと、その分もお金がもらえました」

21世紀になり、プーチン大統領時代に入って経済が安定すると、元の外国人職員寮に戻ることができた。

「驚きましたね。イギリス人の女性職員と『いったい、なんだったのだ』と話し合いました」

２０１４年のソチ冬季オリンピックを前に、「ロシアの声」とノーボスチ通信社が合併することが大統領令で決められた。日本語放送はその名が「ラジオ・スプートニク」と改められ、ラジオからインターネットだけの放送へと変わった。

ついに２０１７年5月にネット放送も停止。日向寺さんはその年の6月、神奈川県海老名市に住む両親の介護のため、モスクワを離れた。

２０２３年に65歳になった日向寺さんは、人生のおよそ半分を隣国からの放送に捧げた。

当局の言いなりではない

30年にわたって「モスクワ放送」「ロシアの声」でアナウンサーを務めた日向寺さん。社会や経済の混乱の中で、大変な思いをしながら働いてきたはずだ。中でも、ソ連・ロシアの公式見解を伝える仕事は心を苦しめなかったのだろうか。それが最大の疑問だった。繰り返し、聞いてみた。答えはこうだった。

「ニュースそのものはロシアの立場を伝えるものだった。これは誰かがしなければならない大切な仕事だと考えている」

いつもロシア当局の言いなりで放送していたわけではなかった。例えば、第二次世界大戦末期の1945年にソ連が占領した国後《くなしり》、択捉《えとろふ》、歯舞《はぼまい》、色丹《しこたん》の北方領土の4島について、ソ連・ロシアは自国領という立場を取ってきている。そのニュースを伝えるとき、日本人職員は、ソ連・ロシア側の立場である「南クリル4島」という言い方をせず、「南クリル4島、いわゆる北方領土」と言い換えていた。そうしなければ日本のリスナーには伝わらなかったからだ。聞きつけた何者かが局幹部に告げ口をしたことがあったそうだが、事情を説明して乗り切ったそうだ。

日本の聴取者や客人を大切にし、日本に戻るとリスナーとの交流集会によく顔を出した。宮城県美里町《みさとまち》に住む主婦の青木郁子《あおきいくこ》さん（71）は「ロシアの声」の熱心なリスナーだった。2011年、東日本大震災のとき、隣接する同県石巻市にあった夫の経営する材木会社が津波で流されてしまった。そんなある晩、暗闇の中でぼうぜんとしたままラジオをつけ、ダイヤルをモスクワ放送に合わせると、日向寺さんの担当する音楽の時間だった。流れてきたのはアンナ・ゲルマンの「ナジェージダ（希望）」。1970年代のソ連を代表する女性歌手だ。

希望――それは私にとって、地上のコンパス
幸運は勇気への報酬

今どきの歌謡曲とは違うスローテンポな調べに、やさしい歌声が合っていた。日向寺さんは震災で大きな被害が出た日本に心を重ね、少しでも励まそうとこの曲を選んだのだろう。

青木さんは言う。

「今でも決して忘れられません。この世の全てが終わりなのではないのだと。放送を聞いて、かすかな希望を感じることができました」

1972年以来、40年以上モスクワ放送、「ロシアの声」を聞き続けた前出の蒲生昌明さんは、日向寺さんが担当した土曜深夜の1時間の音楽番組「モスクワ・ミュージック・マガジン（通称MMM）」が大好きだった。日向寺さんは放送の中で、蒲生さんを「ガモーノフ」と呼び、手紙やメールでのリクエストに気軽に応えていた。

「自分のコメントを読んでくれるのが楽しみで聞くのが習慣になり、聞かないと1日が終わらない感覚だった。私のように、日向寺さんのキャラクターが好きで聞いていた人は多いと思います」

2014年末で「ロシアの声」がラジオ放送を終え、インターネット放送に切り替わった後の2015年初め、長年のリスナーだった蒲生さんのもとに、以下のような内容の手紙が届いた。「旧ロシアの声　日本語課一同」とある。

◆

私たちは「友情」という強度の高い建材でこちら側からと向こう側から、皆さんと共に「橋」を架けてきました。「橋」は一日で出来上がりませんし、バランスを崩してもいけません。ただし、この建材は政治や経済の力で脆く壊れるものではないはずです。そう信じたい。

希望を捨てたとき、何もかも終わります。私たちは待ち続けます。

第３章
偽名と亡命と

初代アナウンサーは九州なまり

そもそも、モスクワ放送はどうやって始まったのだろうか。

時間をその創成期に移してみたい。

ソ連の対外放送「モスクワ放送」は、１９２９年10月にドイツ語から始まった。第一次世界大戦の敗北から立ち直ったドイツとドイツ国民に対する情報戦略の一環だったと見て取れる。まもなくフランス語、英語での放送が始まり、チェコ語、ハンガリー語、イタリア語、スペイン語、スウェーデン語と続き、1933年までに11言語に増えた。

放送していたのは「ソ連人民委員会議付属無線設備・ラジオ放送委員会」だった。NHKのシンクタンク、放送文化研究所の機関誌「放送研究と調査」2014年10月号掲載の論文「諸外国の短波による対日情報発信」は、初期のモスクワ放送の番組について、「革命が何を成し遂げたか、国はどのように共産主義に向けて進んでいるか、それによって、労働者と農民がどのような恩恵を受けているかなどを説明する」内容だったとまとめている。

日本語放送はドイツ語放送開始の12年半後、第二次世界大戦中の1942年4月14日に始まった。ソ連側だけで民間人を含めて約2700万人が死亡したといわれる独ソ戦が前年に始まっていた。ドイツ軍はモスクワ近郊まで攻め込んだが、ソ連側がモスクワ攻防戦に勝利。しかし第2の都市レニングラード（現・サンクトペテルブルク）はドイツ軍に包囲され、予断を許さない情勢だった。

初代アナウンサーは「ムヘンシャン」と名乗る男性。素性は不明で、かつて九州の炭鉱労働者だったと伝えられた。短波に乗って約7500キロ離れた日本に、九州なまりの日本語が届けられていた。

翻訳員はのちの日本共産党議長、野坂参三《のさかさんぞう》の妻龍《りょう》さん（1971年死去）で、国際共産組織「コミンテルン」幹部が集められたモスクワ中心部のホテル・ルクス（その後、中央ホテルと改称）に住んでいた。龍さんはロシア語が堪能だったが、軍事用語の翻訳に苦労していたことが伝えられている。

スタッフはほかに、日本の社会主義運動の先駆者、片山潜《かたやません》の長女やすさん、朝鮮人職員のキム・ギウンさんがいた。キムさんは第二次世界大戦中に姿を消している。

革命後のこの国で、日本の出身者は稀な存在だった。放送局は亡命者と社会運動家の家族らによって担われた。


ムヘンシャンとは何者なのか。

1972年に開局30周年記念番組が放送された。そこで放送開始時を知る片山やすさんがインタビューを受けて、当時のことを語っている。やすさんはバレリーナを目指して米国などで勉強していたが、31年に父・潜の看病のためにイタリアからモスクワにやってきて、33年に父を看取った。大学の日本語教員となったが、日本語放送開始の準備が進められている時期、大学はモスクワから約3500キロ南東のウズベク共和国（現・ウズベキスタン）フェルガナに疎開していた。

その番組の録音テープを起こした原稿が残っている。元岡山放送の下山宏昭《しもやまひろあき》さんが入手したものだ。紹介させていただきたい。司会は当時、アナウンサーとして働いていた岡田嘉子《おかだよしこ》さんと清田彰《せいたあきら》さんだ。この2人はモスクワ放送を語る上で欠かせない人物で、のちに詳述する。

◆

清田彰「こちらはモスクワ放送局です。この時間は岡田嘉子、清田彰の担当でお送りします。今から30年前の1942年4月14日、モスクワ放送は労働者、農民の国にふさわしく、日本の一労働者の声をもって日本語放送の幕を開けました。まず岡田さんが偉大な革命家、片山やすさんに、日本語放送初期のころのことを聞いてくださいましたので、それを聞かせていただきましょう」

岡田嘉子「では、片山さんどうぞ」

片山やす「モスクワからの日本語の放送の30周年を心からお祝い申し上げます。私も非常に小さなパートでしたが、その仕事に参加したことを非常に嬉しく思っています」

岡田「そのころ、どんな風に仕事していらっしゃいましたか。どんな方と一緒でしたか」

片山「そのとき、日本語課の課長さんはカルムイコフさんです。彼と一緒に仕事をしていた方はアブコフさんでした。野坂龍さんが翻訳者で、アナウンサーはムヘンシャンでした」

岡田「どのくらい片山さん、お働きになりました?」

片山「そうですね。私は祖国防衛戦争（編注：独ソ戦のこと）が始まると、私が日本語の会話を教えていた大学と一緒に、ウズベク共和国に疎開していましたが、1943年の夏、まだ戦争が終わっていないとき、モスクワに大学と一緒に帰ってきました」

岡田「ああ、そう」

片山「そのときムヘンシャン一人でアナウンサーをしていたので、彼を休ませるために、私は日曜日か、大学の勉強のない日に放送をしました。よく覚えていませんが、確か2年間放送をお手伝いをしたと思います」

岡田「当時はどのくらい、何回くらいの放送でしたか」

片山「当時の放送は1日2回で朝と昼からでした。野坂龍さんはホテルの自分の部屋で翻訳の仕事をしていました」

岡田「じゃあ、野坂龍さんが翻訳をしてくださったんですね」

片山「そうです。彼女が静かに落ち着いて仕事をするのには、ご自分の部屋のほうがよかったのでしょう。そして、龍さんと私が住んでいたところは、ゴーリキー通り（編注：現・トヴェルスカヤ通り）にあるルクスホテルでした。今の中央ホテルです。放送局からホテルまで歩いて15分くらいかかりました。放送局は朝9時から始まるので、9時15分くらいにアブコフさんがその日のニュースのテキストを翻訳のために龍さんの部屋に持ってきました。翻訳ができるとすぐに放送局に持って帰りました。私が放送するときは、龍さんからテキストをもらって放送局にいくこともありました。ニュースの多いときはなかなか大変でした。放送時間に間に合うように、駆け出して行きました。ある時、面白いことがあったんですよ。アブコフさんが大急ぎで放送局に駆け出して行く途中、滑って転んで龍さんの翻訳したテキストをみんな道にまいてしまったことがありました。龍さんは一人でニュース、解説、特別放送、全部翻訳するので、大変忙しく、よくなさるといつでも私は感心していました」

岡田「ほんとよくなさいますね。その当時、片山さんはどんな気持ちでアナウンスなさいました？」
片山「そのころの放送は、日本の皆さんにソビエト社会主義共和国の制度、政策、人民の生活について、正しく分かるように伝えること、また祖国防衛戦争のときでしたから、各戦線の状況を正確に知らせることでしたので、一所懸命に放送しました」
岡田「ありがとうございました。どうも」

◆

「偉大な革命家」として紹介された片山やすさんは、記念番組が作られたとき70代。モスクワ市内でロシア人の夫と暮らしていた。友好団体のソ日協会の副総裁を務め、日本の女性団体がソ連を訪れると、初の女性宇宙飛行士テレシコワに引き合わせたりしていた。

では、アナウンサーの「ムヘンシャン」とは何者なのか。対談の録音テープを流した後、清田アナウンサーが番組内で「本名は分からず、経歴も元炭鉱労働者としか判明しなかった」と解説している。そして、せめてもと、元日本課職員のカルムイコフ氏に聞き出した彼の人柄をこんなふうに伝えた。

「なかなか正義感の強い人で幾分激しやすい面はあったけれども、少しも飾り気がなく、善良な人だった。仕事にかけては絶対で、かけがえのない人だった」

記念番組は、ムヘンシャンの消息についてそれ以上は追えず、日本語放送の誕生の経緯やその役割についても十分に触れないままに終わっている。

「ハエ男」を追いかけて

モスクワ放送日本課の歴史を長い間追いかけている研究者がいる。１９９６年から２００１年にかけて「ロシアの声」で翻訳員兼アナウンサーを務めた、法政大学講師の島田顕《しまだあきら》さん(58)だ。大学の講義の傍ら、埋もれてしまいそうな歴史を丹念に調べている。

「彼らの足跡を追い、活躍を知ることが今を生きる私の使命である」

そんなことを何かの冊子に書いていたのを読んだことがある。島田さんが発表したいくつかの論文に沿って、当時のことに目を向けてみよう。


ソ連とコミンテルンはモスクワ放送開始に先立って、１９４０年から41年に中国国内から、中国戦線で戦っている日本兵士向け、さらに日本本土向けの日本語放送を準備していた。コミンテルン書記長のディミトロフは41年10月にリ・クイ(野坂参三の偽名)らにあてた書簡の中で、「日本の軍部がソ連に対し極東から攻撃することを準備しつつあるという現在の瞬間において、あなたは主に日本国内における反軍事活動の展開に注意を向けなければならない。この目的のために、可能なあらゆる方法、手段を利用しなければならない。特に重要なことは、中国における日本語でのラジオ放送を利用することである」と述べている。

ドイツから国内を攻撃されているソ連が、日本の北進を阻止するための「ソフトな工作手段」として日本語放送を活用しようとしていたと島田さんは見る。結局、中国からの日本語放送は、中国戦線の最前線の日本人兵士には向けられたが、日本本土向けは実現しなかった。

次に準備されたのが、モスクワからの日本語放送だった。

1941年10月はモスクワにドイツ軍が迫っており、ソ連の政府機関やコミンテルンはそこから約1500キロ東のウラル山脈周辺に疎開していた。放送によるプロパガンダ活動は、疎開の中で混乱した。だが、42年1月にソ連がモスクワ攻防戦を制して、政府機関などがモスクワに帰ってくると、日本語放送の準備が再開された。

1日30分ほどの生放送で始まった放送は、日本に向けて短波で送られた。実際に放送を聞いていた人はいるのだろうか。戦時中の日本では、海外からの情報流入を避けるため、短波放送の聴取は厳しく制限されており、モスクワから直接届く情報に耳を傾けていたのは限られたごく少数だったはずだ。

モスクワ放送のアナウンサーを務めた前出の日向寺康雄さんはソ連崩壊後に一時帰国したとき、東京のロシア大使館で開かれたリスナーとの交流集会に出席した。そこで、戦時中、大阪で電器商を営んでいたという男性から話を聞いた。

「今だからお話しできるのですが、ラジオを扱っていたので、当局から頼まれて放送を聞くように言われていたのです」

この集会の当時70代くらいだったという男性は、商品として扱っていた短波ラジオから流れるモスクワ放送を聞き、内容をメモして特別高等警察に報告していたのだと、日向寺さんに説明した。「スターリングラード（現・ボルゴグラード）の戦いでソ連がドイツに勝利したことを伝えたら、特高の人がびっくりしていたのが印象に残っています」と話したそうだ。

スターリングラードの戦いは1942年夏から翌年の2月ごろにかけて、ナチス・ドイツを中心とする枢軸国の軍隊がソ連南部のボルガ川流域の工業都市スターリングラードの攻略を目指して侵入し、ソ連軍が反撃して奪い返したものだ。凄惨な独ソ戦の中でも激戦の一つに数えられている。記念番組での片山やすさんの説明の通りなら、そのアナウンサーはムヘンシャンということになる。

当地にいた日本人の中には、外国人風の偽名で生きる人もいたと聞く。しかしその場合でも、アジア系の外見で共通し、違和感を与えない朝鮮人や中国人を装った名前が使われる場合が多かった。そのどちらでもない名前は異色だった。

記念番組が放送された1972年の在日ソ連大使館発行の広報誌「今日のソ連邦」（11月1日号）に、先の番組で司会を務めた岡田嘉子さんが寄稿している。

「日本向けモスクワ放送の初代アナは、ムヒンシャン（編注：岡田さんはこう表記している）

という、労働者あがりの硬骨漢でした。もちろん、ムヒンシャンというのは仮名です。ハエというロシア語、ムハに、さん、をつけて、この方のお国言葉で、ムヒンシャンと呼んだらしく、そうした名を自分でつけるところからでも、しゃれた、おもしろい人柄であったことがわかります。私が入社して間もなく、この方は急死されたので、モスクワ放送の功労者であるこの方の本名は、残念ながら、ついに知ることができませんでした」(「モスクワ放送と私」)

ムヘンシャンの素性が解明されるのは30年以上たってからだった。島田さんは1996年にモスクワ放送の後継の「ロシアの声」に翻訳員兼アナウンサーとして入局し、翌年に日本語放送開始55周年記念の番組作りに参加。それをきっかけに謎の人物を意識するようになった。

2001年に帰国し、日本で歴史や国際関係の研究者生活を始めた。2008年、米国議会図書館のコンピューターで、ロシア国立社会政治史文書館のデータベースにアクセスしたとき、人物ファイルに「ムヘンシャン」の名を見つけた。翌年、モスクワを訪れて他の資料にもあたった。一人の人物についてロシア語で「ムヘンシャン」、漢字で「緒方重臣《おがたしげおみ》」と併記された資料の存在を突き止めた。最終的に、福岡県筑豊《ちくほう》地方の彦山村《ひこさんむら》(現・添田町《そえだまち》)出身の緒方重臣さん(1896年生まれ)と特定した。

鉱山労働者を経て、遠洋航路の船員となって中国、アジア、米国を巡るうちに、ソ連極東の港町・ウラジオストクで船を降りて、亡命した。借金がかさんでいたようだ。極東地区の国際海員クラブで活動した後、モスクワの東方少数民族共産主義大学（クートベ）に入学した。当時はスターリンによる粛清の嵐の中で、ムヘンシャンにも危機があったが、回避できたようだ。卒業後、印刷所の植字工や出版社の校正係を経て、モスクワ放送で働くことになった。

島田さんによると、放送内容は、新聞「プラウダ」の翻訳と時事解説。娯楽的な要素はなかったという。

第二次世界大戦後、日本に駐留していた連合国軍総司令部（ＧＨＱ）が傍受していたモスクワ放送の内容の調査によると、１９４７年７月17日は１日４回各30分で、ソ連の国内ニュース、国際ニュース、音楽、解説を送っていた。（山本武利『占領期メディア分析』による）

◆

・（日本時間）午後４時半の放送＝ソ連の選挙ニュース▽国際ニュース――次の総選挙に向けた日本の労組の入念な計画▽幸福で楽しい生活を送るために帰国したアルメニア人の解説。かれらの学生生活は政府の教育資金援助で楽しい▽音楽▽日本の政治状況の解説。吉田内閣は世論を依然無視し、反動勢力に支配されている。

・午後６時の放送＝ソ連の国内ニュース▽国際ニュース――チェコスロバキアの産業計画、インドとフランスの大使の交換、フランス軍事法廷による日本の古川前将軍の処刑▽ソ連の法律に保護を受けた南サハリンの日本人の楽しい生活の解説▽音楽――レニングラードとスタ

ーリンの歌▽今日のレニングラードの解説
・午後10時45分の放送＝ニュース――ロシアの大収穫▽音楽▽解説――モスクワの政策
・18日午前6時の放送＝前日の午後4時半の再放送

◆

アナウンサーは1948年4月に、岡田嘉子さんに交代した。

ムヘンシャンは九州なまりのアナウンスに引け目を感じていた、といういくつかの証言が残っている。島田さんの入手した資料には「早口」「正しいイントネーションではない」との厳しい評価もされていた。地道な調査は続き、親族が添田町で観光旅館を経営していることを突き止める。

「電話をしたら、びっくりされてしまいました」

謙虚な人柄の島田さんは、おそらく手弁当による調査の苦労を語らないが、旅館を訪ねて足跡を追ったことを教えてくれた。本人の墓は確認できなかった。

岡田さんは先に挙げた「今日のソ連邦」の記事の中で、「ソ連で亡くなった」という趣旨のことを述べている。一方、親族は宿を訪ねてきた人から「北京で緒方さんに会った」と聞かされたことがあるという。

雪の中、樺太の国境を越えてソ連へ

「悔いなき命をひとすじに」

「私は自分の過去を後悔することが嫌いなんです」

これらの言葉はともに、ムヘンシャンの後任アナウンサー・岡田嘉子さんによるものだ。前者は多磨霊園（東京都府中市）にある墓石に刻まれた文字。後者は１９７２年に34年ぶりに日本に帰ってきたときに応じたＮＨＫのインタビュー映像に残された言葉である。ともに前向きな生き方を強調するものだが、それは自身の激動の人生と関係があるのかもしれない。

岡田さんは１９０２年に広島で生まれた。洋風で目鼻立ちのはっきりした顔立ちが目をひき、人気映画監督だった島津保次郎《しまづやすじろう》や小津安二郎《おづやすじろう》の初期作品に出演して、俳優として広く知られる存在になった。だが戦争に向かって時代が暗転していき、治安維持法をはじめとする規制が敷かれていく中、演劇界はがんじがらめになっていた。窮屈な日本を脱出したい。そんな思いを持つ者も少なくない数、存在した。

そうしたなかで岡田さんは１９３８年1月、雪の中、恋人だった演出家の杉本良吉《すぎもとりょうきち》（本名・吉田好正）さんと樺太（サハリン）の国境を越えてソ連に渡った。当時のソ連を代表する演出家メイエルホリドに憧れて、新しい演出方法を学びたいという理想を抱いての越境だった。ところが、ソ連はスターリンの大粛清時代だった。逮捕された岡田さんは自由剥奪10年、杉本さんは死亡した。メイエルホリドも逮捕され、亡くなる前に「芸術家は失敗する権利を持っている。なぜなら人間は失敗する権利を持っているからだ」との言葉を残した。

岡田さんは戦争終結後の１９４７年にモスクワで釈放され、翌48年４月、モスクワ放送日本課のアナウンサーになった。

「当時はまだ日本向け放送が開始されてまもなくで、日本課の小さな部屋には、課長を含めて４人ほどが働いていただけです」（岡田嘉子『心に残る人びと』）

スターリン時代の放送では、スターリンの名が出てくるたびに、「ヨシフ・ヴィサリオノヴィッチ・スターリン」という完全な形で読まなくてはならなかった。

同僚の清田アナウンサーは創立65周年の記念番組の中で、当時の放送の困難さと岡田さんの姿を語っている。

「ある朝の生産会議のとき、岡田嘉子さんが〈あまりたびたび出てくるので、ヨシフ・ヴィサリオノヴィッチを抜いてスターリンだけにしたらいけないでしょうか？　完全に読むと日本語の調子が崩れてしまいます〉と言ったのです。そうすると生産会議を主宰していた副局長のセルゲラービン氏がさっと立ち上がってですね。〈日本語の調子は崩れても構わない。ロシア語の原稿通りに正しく、何回でも発音しなさい〉と、そういう答えをしたのを私はよく覚えています」

その日の放送の中で、清田さんは「当時はご存じのように非常に厳しい時代でありまして」とも言っている。ある日突然姿を消すスタッフもいた。そうした時代に、岡田さんの発言はとても勇気のいるものだったに違いない。

日本の元俳優で、シベリア抑留中に収容所の慰問劇団員を務めた滝口新太郎さんがモスクワに来ると、岡田さんは結婚。その後、モスクワ国立ルナチャルスキー演劇大学に入って、念願のソビエト演劇を学ぶことができた。大学で勉強するにはロシア語の力が十分でなかった岡田さんのために、滝口さんがノートを作るなど援助を惜しまなかったと言われている。

1971年に滝口さんが病死すると、翌72年11月、その遺骨とともに一時帰国することが認められた。

73年にモスクワに渡った西野肇さんは「ビートルズ騒動」を起こしたとき、岡田さんから「レービンさん（課長）を困らせちゃだめじゃないの」とこっぴどくしかられたことを覚えている。面倒見のよい一面もあった。第1章で触れた「モスクワでの食生活に困る西野さんに電気釜を差し入れた職員」は岡田さんだ。

岡田嘉子が残したもの

岡田さんはその後、ソ連国籍を持ったまま、日本とソ連との間を行き来した。名優宇野重吉《うのじゅうきち》さんの率いる劇団民藝の舞台に出たり、山田洋次《やまだようじ》監督の寅さんシリーズ『男はつらいよ　寅次郎夕焼け小焼け』（1976年公開）にも出演したりしている。

モスクワ放送のキャリアの終盤では、「聴取者からのお手紙の時間」という番組で、西野さんら男性アナウンサーとペアを組んで、リスナーから寄せられた手紙を朗読する役割を担った。文化の番組なども担当した。

長くモスクワ放送を支えた日向寺康雄さんが学生時代にモスクワを訪れたとき、番組にゲストとして出演した話を第2章で紹介したが、インタビュアーは岡田さんだった。このときは80歳前後だったことになる。当時は不定期に番組に出演していたようだ。収録を終えた後、レストランで食事しながら、「ソ連で働く気はないの？　空きがあったら紹介してあげる」と誘ったのも岡田さんだった。

日向寺さんの人生の方向性を決定付けたのは、岡田さんにほかならなかった。岡田さんは多くの人の運命を変えたが、その最後の一人は日向寺さんだったのかもしれない。

日向寺さんは、岡田さんのことを「先生」と呼んで慕う。

「ロシアで生きていくには裏表があってはいけない。愛嬌がなければいけない」

岡田さんのこの言葉を、道標のようにして生きてきたのだという。多くの裏切りを経験し、過酷な運命の下で生きた岡田さん。それだけに、真心がなければ人を動かせないことを実感していたのだろうか。


晩年は入退院を繰り返し、モスクワ日本人会の人々が交代で岡田さんの世話をした。モスクワ放送では、友人の清田アナウンサー、さらに自身が呼び寄せた日向寺さんが献身的な介護を続けた。

日向寺さんは言う。

「先生は人に会うときには3日前から準備をしていました。入浴後にオリーブオイルを全身に塗り、また入浴して……」

80代後半になっても、ときにはモスクワ放送に顔を出すことがあり、つやのある肌、張りのある声で後輩たちを驚かせた。

ちょっとわがままな一面もあったようだ。

「『そろそろリンゴが出回っているころだ』とか、『緑のものでよいからバナナを買ってこい』とか」（日向寺さん）

改革の副作用のように流通が滞り、街からモノが消えていた時期だ。岡田さんの願いに応えるのは簡単ではなかったはずだ。

当時の同僚は「日向寺さんは、まるで息子のようだった」と話す。「また怒られた」とぼやきながら、次の機会にはきちんと世話に出かけていった。

1992年2月10日、岡田さんがソ連崩壊を見届けた後に89歳で亡くなると、2日後にモスクワ市内のドンスコイ修道院で葬儀があった。モスクワ放送や、演出を担当していたマヤコフスキー劇場の関係者が参列し、友人で同僚のアナウンサーだった清田さんが弔辞を読んだ。

「すばらしい芝居の幕が下りたときのように名残惜しい。樺太を越えてソビエトに亡命するとは何というあなたらしい激しい生き方だったことか。あなたは大きな夢を抱いてこの国に来たが、悲しいかな、あなたの夢を叶える条件がこの国にはありませんでした」

棺を担いだのは後輩にあたる山口英樹アナウンサーたちだった。


岡田さんがソ連に越境したとき、何が起きていたのか。

ペレストロイカとともにゴルバチョフ政権によって推進されたグラスノスチ（表現の自由、情報公開）の時代。公文書の公開が徐々に行われるようになった。1989年に、病死とされていた杉本良吉さんが、実は当局によって銃殺されていたことがソ連の雑誌「アガニョーク（ともしび）」に掲載された。時事通信が岡田さんの談話を配信している。「もっと早く教えてほしかった」と。

亡くなった後で、さらにスターリン時代の裁判記録、公文書が明らかになり、岡田さんが越境してからモスクワに姿を現すまでの「空白の10年」に何があったのかが徐々に判明した。それによると、越境直後、長時間眠りを与えられないままスパイであるとの自白に追い込まれ、その供述がもとで杉本さんが銃殺されたことが記されていた。

後に残ったものもある。岡田さんは夫婦の放送資料などを日向寺さんに託している。その一つに、滝口さんが仕事の心得を残した「ラジオの言葉」がある。

「時間とともに流れ消えていくラジオの言葉は、リスナーに話される瞬間、理解され、訴えるものでなくてはいけません。小さなニュースでもそれは、一編の芸術作品であるべきです」

日向寺さんは岡田さんの遺志を継いで、生きた。２０１６年夏、シベリア抑留中に戦犯として有罪判決を受けた後、服役中に病死した築山敬太郎《つきやまけいたろう》・元陸軍大佐の孫にあたる医師、築山巌《いわお》さん（79）から依頼されて慰霊の旅をコーディネートし、同行した。

ソ連は第二次世界大戦後の国家建設のために日本人を連行して道路や鉄道建設などに従事させたシベリア抑留で、約6万人の死者を出した。その名簿や記録はゴルバチョフの時代から、少しずつ日本に公開されるようになっている。しかし、ソ連が一方的に「戦争犯罪人」とみなした日本軍幹部や情報機関などの人々の記録は秘密警察ＫＧＢの流れをくむロシア連邦保安庁（ＦＳＢ）などが管理しており、外国人がアクセスするには極めてハードルが高い。

日向寺さんは日本の大学教授と連携して、地元の役人や博物館員、情報を持っている人権団体と交渉し、判決内容や死亡した日を含む記録の入手に尽力した。さらに、モスクワから北極圏のコミ共和国にあった築山大佐が埋葬されたとみられる場所の跡まで約２０００キロの旅をサポートした。そして「北緯67度、極北のツンドラに眠る築山大佐」と題して、インターネット放送「ラジオ・スプートニク」の番組「お便りスパシーバ」の中で10分近くを使ってリポートした（２０１６年9月）。

大変な労力である。日向寺さんは自分の仕事を抱えながら、なぜここまで親切に対応していたのだろうか。巌さんが日向寺さんから来たメールを見せてくれた。

「故岡田嘉子先生から、ロシアで働く以上、軍人捕虜になられた方々の御親族をできるだけお助けするよう言われております」（２０１６年7月7日）

ハバロフスクは即戦力で開局

モスクワからの放送に続いて、戦後の１９４６年12月3日に極東の中心地だったハバロフスクからの日本語放送が始まった。日本人スタッフは、サハリンでソ連が日本人向けに発行していた日本語新聞「新生命」の編集に携わっていた木村慶一《きむらけいいち》さん、東一夫《あずまかずお》さんら。ＮＨＫ豊原《とよはら》（現・サハリン州ユジノサハリンスク）放送局のアナウンサーだった石坂幸子さんも加わった。メディア業務の経験者を中心に「即戦力」のメンバーを集めて開局したことが分かる。

木村さん、石坂さんの手記や雑誌での座談会などを読むと、２人はソ連の担当官から強引に口説かれ、サハリンからハバロフスクに空路連れていかれた。石坂さんは「共産主義や社会主義のことは全然知らなくてもいい、ただ私が、日本語を正しく分るように話す人だから、非常にハラショ（良い）だというのです」（座談会「ソヴエトの自由と対決する」『世界評論』１９５０年2月号）と振り返っている。

当初、原稿はモスクワの本局で用意されたものだった。「放送テキストは、モスクワ放送委員会から電報で来ます。これをタイプでうつてテキストをつくり、それを翻訳するわけです」と木村さんは語っている。

その後、日本軍兵士として終戦を迎え、ソ連の捕虜になってシベリアに来ていた人たちがスカウトされて加わっていく。

島田顕さんがロシアの公文書館で入手した「１９５０年夏の放送セクション」によると、そのころの日本向け番組のスケジュールは、以下の通りだった。

0時　～：ハバロフスクから30分
12時　～：ハバロフスクから30分
13時半～：ハバロフスクから30分
14時半～：モスクワから45分

16時半〜：ハバロフスクから30分

モスクワから45分、ハバロフスクから計2時間と、ハバロフスク発の方が長いことになる。当時のハバロフスクには抑留者向けの「日本新聞」をはじめ、ソ連の対日プロパガンダ機関が集まっていた。「情報収集の拠点として、当時はモスクワよりハバロフスクの方が重要だったはずだ」と島田さんは言う。論文にも「極東に位置するハバロフスクは、日本、中国、朝鮮半島の電波だけでなく、北米の電波をキャッチすることが容易の場所であった」（「1950年のモスクワ放送日本語番組」）と書いている。時刻がモスクワ時間だとすれば、6時間の時差で、日本の朝と夕方・夜間に放送されていたことになる。

シベリア抑留者の「おたより放送」

ハバロフスク支局の放送で反響があったのは、シベリアなどに抑留されて収容所にいる人たちの消息を1日4回、各5〜7分流した「おたより放送」だ。1947年9月に始まり48年末まで続いた。担当したのは、先述した木村さん。帰国後に出版した著書『モスクワ・日本・ハバロフスク　対日モスクワ放送員の手記』の中で「シベリヤにおける日本人捕虜の生活の実相を、モスクワ放送はとり上ぐべきである。誤解であるならばそれを解くため、全日本の未帰還者家族の不安を除くため、捕虜収容所の真実を伝え得るものは、モスクワ放送以外にはないのである」とつづり、当局に「おたより放送」を提案するに至った事情を記している。
ソ連側も、日本人の抑留が日本国民の反感と怒りを買っていることを承知していたから、少しでも和らげる効果を期待したと考えられる。
「ラジオ通信用紙」を用意して、各地の収容所に発送した。

受取人住所　道府県　市町村大字　字　番地
受取人　氏名
父母、妻子、兄弟姉妹、親類、友人（不要の箇所を消して下さい）
差出人　地区　収容所　旧部隊名
氏名
ウラジヴォストーク郵便局私書函番号
（全部ふり仮名をつけて下さい。）
通信文「元気です、御安心下さい、近く帰国する予定になつています、そちらも御無事で皆様によろしく。」

各収容所でとりまとめられた用紙が放送局に運ばれてきて、それを読んだ。木村さんと石坂さんが担当した。

木村さんの著書によると、こんな放送だった。

「ソヴエト地区に抑留されている元日本軍将兵の御家族の皆さんに、あなた方の息子さん、御主人、兄さん、弟さん、御親類、お友達から故国の皆様への御たよりが、放送局に届きました。きようから毎放送時間、この御たよりを御伝えすることにします。ソヴエト地区に収容中の元日本軍将兵の皆さんから故国の御家族への御たよりであります。もし御知合の方の名がありましたら、どうぞ御知らせを願います。おたよりを御聞きになつた方は、収容所の私書函番号に宛て、必ず御たよりを出して下さい、では――。」

通信文は定型以外許されなかった。

木村さんは1949年7月に石坂さんとともに帰国する。再三の当局への要請が認められたのだった。同年12月24日の参議院在外同胞引揚問題に関する特別委員会に呼ばれ、「おたより放送」についても証言している。

「読むのは大体1分間に5名、そうして放送回数は（1日）4回、各放送時間は5分乃至7分、ですから読む数と到着する数がとても釣合いませんから、どんどん溜つて行きます。こうしておるうちに帰つた者（既に帰国した人）を読んだということでどこかで分つたのだそうで叱られました」

単純計算で1日100〜140人分しか放送できず、放送できないままの通信用紙がたまってしまったという。

放送に強く反応した人がいた。舞鶴引揚記念館（京都府舞鶴市）によると、大阪府北河内郡門真町《かどまちょう》（現・門真市）の会社員、坂井仁一郎《さかいにいちろう》さんは1948年6〜8月にこの放送を聞き、放送された抑留者の氏名と留守家族の住所などを聞き取り、留守家族にはがきで伝える活動をしていたという。記念館によると、坂井さんが投函したはがきは700通あまり。半数以上はあて先不明で戻ってきたが、受け取った人から感謝の手紙やはがきが坂井さんの元に約180通届いたという。

第4章 「日本人」のままで

シベリアの収容所でスカウト

2017年8月、東京・御茶の水のアテネ・フランセ文化センターで何気なく見た映画に、その人は映っていた。

1973年にソ連で作られたSF映画『エバンス博士の沈黙』だ。1980年代に日本で公開されたことがあり、作家で通訳の米原万里《よねはらまり》さんによる字幕がついていたと記憶している。冒頭で主人公の脳科学者、エバンス博士が飛行機事故に巻き込まれる。それが各国で報道されるという流れだった。全編ロシア語の映画の中で、その数分間だけ各国の言葉が飛び交う。そこに日本語が飛び込んできた。

「事故を起こした飛行機の乗客の中には、有名な学者、マルティン・エバンス博士が……長生きの方法についての研究をしていることで」

今ではめったに見かけなくなった大きな黒縁のめがねをかけて、窮屈そうなスーツに白シャツ、ネクタイを締め、髪の生え際が後退した中年の男性アナウンサーがカメラに視線を向けて語りかけるように、落ち着いた少し低い声でニュースを読んでいる。NHKのアナウンサーのような人物像を意識して演じていたのだろうか。

この日本人が誰なのか気になりかけたが、エバンス博士が宇宙人に一人だけ救出されるという荒唐無稽な筋に引き込まれてすっかり忘れていた。

2022年9月のモスクワ放送の日本語放送開始80周年トークショーで、ようやく分かった。モスクワ放送のハバロフスク支局とモスクワ本局で1948年から1992年まで、40年以上働いた清田彰さんだった。日本語放送のアナウンサーや翻訳員として最も長い間活動した人物である。上手にニュースを読み、本物らしい雰囲気を出せるのは当たり前だった。

「日本人らしい日本人」「生真面目な人」

見た目の通り、そんなふうに言われる。ハバロフスク支局に勤務していた1940年代後半から夜間中学に通ってロシア人の若者と一緒に勉強し、モスクワに転勤後も通い続けて卒業。

さらに働きながらモスクワ大学経済学部の入試に合格し、卒業している。出身地・岡山なまりの日本語を話していたようだが、NHKのアナウンス読本やニュース解説の録音を日本から取り寄せて独学で勉強し、標準語の落ち着いたアナウンスを身につけた。1960年ごろから18年間、朝の出勤前に雨の日も風の日も欠かさずジョギングを続けていたという。足を痛めた後は水泳に切り替えた。そんな姿は、一緒に働く日本人職員をびっくりさせた。

どんな事情があってソ連に来たのだろうか。友人に向けて書いた手紙に残された自伝風手記をもとにたどってみる。

1922年9月21日、岡山県生まれ。第一岡山商業学校（現・県立岡山東商業高校）時代に米国人教師について学んだ英語が得意だった。在学中に、旧制第六高等学校（現・岡山大学）主催の英語弁論大会で優勝したこともある。速記も得意で全国中等学校速記競技大会（中根式）で6位に入賞した。上の学校に進みたかったが、家計に余裕がなかったため、奨学制度のあった満洲の「満洲電信電話機械会社」に就職した後、1年後に給費生として旧制山口高等商業学校（現・山口大学経済学部）に入学。座禅部に所属した。

「悟りは開けませんでしたが、『人間はつねに自分が置かれた立場で最善を尽くす』という生き方だけは、一生持ち続けるほどしっかりと身につけたと思います」

2年生のとき学徒出陣した。満洲の新京陸軍経理学校に送られた後、主計見習士官として公主嶺特殊部隊に配属された。住んでいた南満洲鉄道（満鉄）の官舎の背後にソ連の戦車が現れた。部下の数人の兵士と一緒だったようだ。

「皇国日本のために命を捨てていた私は兵士たちとともに爆弾を抱いて戦車の前に打ち伏せました。ところが幸か不幸か。偶然とは異なもの。戦車が８００メートルくらい先まで来てピタリと止まりました。そして戦闘停止の命令を伝えたのです。たしか、しきりに旗を振っていたと思います」

部隊長はピストルで自殺。清田さんら将校と兵士はそろってソ連の軍門にくだったが、徒歩でソ連に入る途中、地雷の爆発で何人かが亡くなった。

連れて行かれた先は、極東に建設されて間もない造船・航空機産業の工業都市コムソモリスク・ナ・アムーレだった。向こう岸が見えないほどの大河・アムール川沿いに、碁盤の目のように整備された街で、冬は氷点下30℃を下回ることもあるという。同じ街に3年間抑留された相模原市の西倉《にしくら》勝《まさる》さん（98）によると、森林伐採、炭鉱労働、道路建設といった地方のインフラ整備の仕事と違い、都市での労働は食糧事情は悪かったものの、死者を目の当たりにしたことはなかったという。

清田さんは約2年半、抑留生活を送った。当初、郊外の８００人ほどの収容所で生活し、鉄道から石炭やセメントの荷を下ろす仕事をしていた。その後、主計見習士官という将校だったことから屋外の作業を免れ、屋内の被服庫でソ連兵や抑留者の衣料の管理などに当たらされた。仕事の傍ら、興味を持っていたロシア語の学習を始めたという。１９８８年の「今日のソ連邦」（9月1日号）のインタビューで、このように答えている。

「もちろん語学の十分な勉強には時間もチャンスもなかった。夜が更けてからやっと、ソ連の新聞の切れ端を手にすることができました。それは収容所の警備兵がマホルカ（マホルカの草からとったきざみタバコ）の手製タバコを巻いて作るのに使った残りでした。私は新聞の切れ端のしわをのばし、辞書の助けを借りて読みました。辞書は通訳が持っていた一冊きりだったので、通訳が寝ている時だけ借りました。こうして私は単語を一つずつ覚え始めました」

収容所で働くうちに、ソ連軍の政治部将校ボリソフ中尉に見いだされ、たばこをもらって話し込むようになった。再び、自伝風の手記からたどってみる。

GPU《ゲーペーウー》（国家政治保安部、後のKGB）の将校から毎朝、尋問を受けるようになった。同じ質問に何度も答えさせられた。学徒出陣とはいえ、日本軍の将校だったから、スカウトする前に身元に問題がないかを調べようとしたようだ。

1週間の尋問ののち解放され、先のボリソフ中尉からこう言われた。

「君をハバロフスクの放送局で欲しいと言っているので、考えてみないか」

異国に残ることを決断するのは相当の決意が必要だったはずだ。

「私の出身地岡山は米軍による中都市爆撃の先端だったと言いますし、家からは便りがありません。日本の敗北によって、皇国日本に対する畏敬の念は地に落ちた時でもありましたし、もともと満洲の電電など外地で仕事をすることに抵抗を感じなくなっていた私は、ソ連側の勧めでだんだん『ひとつ、しばらくとどまって仕事をしてみる』という気になっていきました」

岡山の隣県は広島である。広島が原爆投下によって壊滅状態になり、岡山も爆撃を受けたことを耳にして、日本に帰っても希望が持てないと考えていたと記している。だが、一生とどまろうとまで考えたわけではなく、あくまで「しばらく」だった。

「放送局勤務中、町中でボリソフ中尉にばったり出会い、夕食に招かれるなど歓待されました。私は日本で軍人の上官からこのように親切にされたことはなく、ボリソフ中尉の心からの温かい取り扱いに感激し、こんな親切な人の住む社会なら、私も住めるのではないかと段々ソビエト社会に親近感を抱くようになりました」

モスクワでの放送開始から4年後。１９４６年12月に開設されたモスクワ放送のハバロフスク支局では、前出の木村慶一さんや石坂幸子さんらが当局から指示されたロシア語のテキストの翻訳とアナウンスの業務にあたっていた。その人材不足を補う存在として目を付けられたのが、ソ連全土に約60万人いたシベリア抑留者だった。その中からソ連の社会主義に理解を示し、高学歴で語学に堪能な若い人に声がかけられた。こうした流れの中で、１９４８年にハバロフスクの放送局に一緒に採用されたのが、川越史郎《かわごえしろう》さん、戦前に満洲のハルビンにあったロシア語教育機関「哈爾濱《ハルビン》学院」出身の赤沼弘《あかぬまひろし》さん、慈恵医大出身の医師・石井次郎《いしいじろう》さん、そして戦前の俳優で、アマチュア劇団を率いて収容所を回っていた滝口新太郎さんだった。

ハバロフスク支局に来た当時の清田さんの印象を、同僚がつづっている。「すぐれた語学の才能を備えていた。英語はもちろん中国語も話せるし、抑留中にはロシア語を習得してそのレベルはなかなかのもので、発音はそれこそ抜群であった」(川越史郎『ロシア国籍日本人の記録　シベリア抑留からソ連邦崩壊後まで』)

清田さんは自分では「決して語学力を買われたわけではない」と書いており、入局以降に努力してロシア語の力をつけていったことをつづっているが、当時から相当な能力があったからこそスカウトされたと考えてよいだろう。

ハバロフスクでの生活は、決して愉快なことばかりではなかったようだ。川越さんの著書には、清田さんが知り合った女性との仲を引き裂かれたエピソードが書かれている。女性が職場の人事課長に呼び出されて、「日本人との交際をやめるよう強制された」とある。当局の監視の下での生活だったようだ。

放送を聞いていた家族

清田さんは1951年か52年ごろ、モスクワに転勤することになる。シベリア鉄道で大陸を西へ西へと横断する長旅の間、清田さんはスターリン体制で推奨された社会主義リアリズムを代表する小説だったオストロフスキーの『鋼鉄はいかに鍛えられたか』を手に取り、辞書を引きながら読破しようとしていた。

「当時日本語の放送は1日に30分ずつでした。ところがどうにか日本語に訳せるという人が足りなくて、仕事は楽ではありませんでした」(「今日のソ連邦」1988年9月1日号)

モスクワでアナウンサー生活をしていた1954年、岡山県倉敷市の実家に住んでいた清田さんの弟・英夫《ひでお》さん(故人)がラジオ放送を聞いていて、「アナウンサーの声が兄に似ている」ことに気づいた。すぐにモスクワ放送に手紙で問い合わせ、文通が始まった。

その3年後、日ソ国交回復後の1957年4月4日の外務省作成の電文に、清田さんの名前が出てくる。外交史料館に収蔵された電文には、「現在の(ソ連国内の)住所が明確に判明している邦人で帰国希望を表明している」37人が載っており、そのうちの一人が清田さんだった。リストには住所と氏名が書かれており、清田さんの場合、自宅の住所ではなく、モスクワの放送局の所在地と氏名が書かれている。当時の岸信介《きしのぶすけ》首相兼外相が門脇季光《かどわきすえみつ》ソ連大使に「できる限り」次の帰国船に乗せるようソ連側との交渉を指示した。だが、帰国は実現していない。

清田さんが実際に当時「帰国を希望」した事実はあったのだろうか。清田さんは職場のタイピストのタマラさんと交際し、52年にソ連の市民権を得て、54年に結婚。翌年には長女エレーナさんが誕生している。モスクワ放送で働いた経験のある人のうち、何人かにこの電文の内容を知らせて尋ねてみたが、どの人も清田さんが当時、帰国の意思を持っていたことに懐疑的だった。望郷の気持ちはあったかもしれないが、外務省への働きかけは倉敷の家族の希望によるもので、だからこそ自宅ではなく、倉敷の家族が知っていた放送局の所在地が書かれていたということなのかもしれない。英夫さんの妻だった玲子《れいこ》さん（87）によると、当時の清田家の暮らし向きは楽ではなかったという。電話で聞いてみると「帰ってきてほしいとは思っていたでしょうけれど、こちらには受け入れる基盤がなかったです。（彰さん自身も）そのときは向こうに家庭も持っておられましたしね」と話してくれた。

「東洋の魔女」と「宇宙遊泳」

清田さんは1956年の日ソ国交正常化の後、フルシチョフによる「雪解け」の時代に、ソ連発のニュースが西側に伝えられるようになると、活躍の場を広げていく。ロシア語のニュースの日本語への翻訳能力が職場で高く評価されていた。清田さんが翻訳業務専門で働いていた1961年に、同僚の5人のアナウンサーが交代で付けていた業務日誌（下山宏昭さん所蔵）には、こんなくだりもあった。

「セイタ君のホンヤク、いつもながらアナウンサーに不便をかけまいとする気持が、ていねいな字の中に感じられて感謝しています」

当時から日本課に勤め、1967年から課長を務めたリップマン・レービンさんがソ連の雑誌のインタビューに答えたものによると、清田さんは今でも日本で知られている言葉を生み出したという。「東洋の魔女」と「宇宙遊泳」だ。

1961年9月に、日本の女子バレーボールチーム日紡貝塚がソ連で試合をして、モスクワのチームを破った際、ソ連の新聞が「魔法使いの娘たち」などと伝えた。それを受けて清田さんは、モスクワ放送で選手たちを「東洋の魔女」と訳したのだという。

また、当時のソ連は宇宙開発で米国と張り合っていた。1965年3月にレオーノフ中佐が宇宙空間に打ち上げられた宇宙船ヴォスホート2号の中から宇宙空間に出て、船外活動をしたニュースでは、清田さんは「宇宙遊泳」という訳語を作ったとされる。ただ、宇宙遊泳は当時の日本の新聞にも使われており、清田さんのオリジナルなのかどうかは確認できなかった。

少しだけ自由が認められたフルシチョフ時代、清田さんはスタジオでニュースを読むだけでなく、自ら直接市民の声を聞き、それを放送する取り組みを始めた。

「マイクを街頭に持ちだして学校へ、郵便局へ、商店へとかけまわりました。商店では警官に捕らえられ、課長にもらい下げに来てもらった一幕もありました」

清田さんの活躍は、倉敷でラジオを聞いていた清田家にも伝わっていた。弟の妻・玲子さんは「捕虜になって戻ってこなかったときには、向こう（ソ連）の味方をしていると思った人もいるかもしれません。でも、フルシチョフの雪解けの時代には、私は好意的で、彰さんに憧れていました」と当時の雰囲気を教えてくれた。

清田さんはラジオ放送のほか、本章の冒頭で書いたようなソ連の映画の日本人役に起用されることがあった。1967年の『暗号は要らない』ではヒゲをつけて1920年代の陸軍将校を演じたほか、『19人委員会』という映画にも日本人の学者役で出たという。「19人委員会」というのは、満洲事変後、現地に国際連盟から派遣されたリットン調査団の報告を受け、改めて日本の侵略行為を認定した組織を指すようだ。

ソ連の市民権を得て、社会に溶け込んだはずだった清田さん。なのに、そのソ連社会からは「日本人らしい日本人」としての役割を求められていたことを、本人はどう考えていたのだろうか。

忍従生活

1970年代に一時帰国が実現したほか、雑誌や旅行社の仕事を請け負ったこともあって、暮らしは豊かになったようだ。だが、ブレジネフ時代は職業人としては能力が発揮できない状況に陥った。

「職場での毎朝の会議もなくなるし、仕事は上から言われたことだけをやれということになり、創意は絶無、全く不要になりました。このため長い20年間の忍従生活が続きました」

後半の10年間は、ソ連からビートルズを放送した西野肇アナウンサーの在籍時期と重なる。はたして、そんなに窮屈だったのか。西野さんに、当時の清田さんについて聞いてみたが、

「そんなそぶりは感じられませんでした。翻訳した文の内容を巡って、ロシア人の職員と議論していたのを覚えています」と言う。

西野さんは、清田さんが日本軍の将校役で出演するソ連国立映画公団「モスフィルム」の映画に声の出演をしたことがある。清田さんが演じる将校の命令で、「天皇陛下万歳」と叫んで自爆する兵士の声を演じている。逆に西野さんが制作したドストエフスキー生誕１６０年記念番組で、ドストエフスキーの父親の役を清田さんが引き受けてくれた。

「ドストエフスキーを全部原書で読んでおられて、『なんでもやりますよ』と言って、やってくださいました」

音楽の好みは、ビートルズを放送した西野さんら、後の世代の人たちとは違っていたようだ。甥で漫画家の清田聡《さとし》さん（56）は、伯父が一時帰国の際にソ連製の重たいレコードを何枚も持ってきてくれたことを覚えている。

「ソ連の体制を褒め称える内容のもので、全然面白くありませんでした」

どんなときでも、一途なほど放送の職務に身をささげようとしていたようだ。

清田さんは２０１１年に亡くなった。翌年、娘のエレーナさんは清田さんの一周忌に地元・倉敷で開かれた「偲ぶ会」に寄せて、こう語っている。

「父は家でも、ラジオ放送の合間でも、仕事をしていました。さまざまなテーマの翻訳をしておりました。そのため、家はいろいろな種類の辞書や、化学、物理、果ては航空力学といった分野に至るまでの教科書類や技術書でいっぱいでした。父は全ての言葉を書き出して集め、それらの語彙は、後に友人とともに出版した露和辞典に役立ちました」

清田さんが1988年11月に玲子さんに送った手紙には、エレーナさんの言葉を裏付ける記述がある。

「昨11月26日朝、医学大辞典を拝受いたしました。あまり立派すぎる辞典なので、思わず『拝受』という字を書いてしまいました。これまでは、医学関係の材料の翻訳には、まず露英医学用語辞典（不完全なものなのですが）をひいて、英語でどういうかを観て、つづいて『大英和』（研究社）またはリーダーズ英和をひいて日本語をみつけるという方法を取っていました。こんどこれほど立派な辞典をいただきましたので、医学に関する翻訳は確信をもってやってゆけます」

文面からは、ソ連を正しい日本語で伝えようとする努力の一端がうかがえる。この年の9月1日にいったん放送局を退職し、日本人3人目の「民族友好勲章」を与えられた。

「ソ連はおしまいだ」

ソ連から勲章を与えられた後でも、国家体制や指導者を無批判に称えるというようなことはなく、客観的に見ようとする目を失ってはいなかったようだ。

１９９１年1月、ソ連は独立を目指していたバルト3国の一つ、リトアニアの首都ビリニュスに軍を出動させた。これに対してピアニスト出身の最高会議議長、ランズベルギスが率いるリトアニアは非暴力で立ち向かった。立てこもった議場の中から、ランズベルギスはラジオ放送で世界にソ連の非道を訴えるとともに、支援と連帯を呼びかけた。ランズベルギスとその周辺の人々の活躍は映画『ミスター・ランズベルギス』（セルゲイ・ロズニツァ監督）に描かれ、２０２２年末に日本でも上映され、知られるようになった。

人口約2億８０００万人のソ連全体と、約３００万人のリトアニア。暴力と非暴力。その構図だけでも、ソ連が弱い者いじめをしていると世界には映った。

「ここで血が流れたらペレストロイカは終わる。ソ連邦はおしまいだ」

先述のように、このとき後輩の日向寺康雄さんにこの言葉を言ったのは清田さんだった。すでに退職していたが、局の仕事を手伝っていた。

ソ連軍の特殊部隊の発砲で市民ら14人の犠牲者を出した事件を受け、ソ連はその年の暮れに自壊することになる。清田さんの予言した通りだった。

清田さんは１９９２年、最終的にモスクワ放送を去った。70歳になっていた。資本主義社会に生まれ変わろうとしていたロシア社会を清田さんはどう見たのか。来日した際のインタビュー記事が「進歩と改革」という雑誌の1993年12月号に載っている。ソ連時代につぐんでいたものを吐き出すかのように、混乱した社会へのいらだちをぶつけている。ゴルバチョフに対しては極めて辛辣《しんらつ》だ。

「優柔不断で、ですから多い《ママ》にソフトだったんでしょう。だれに対しても強いことを言わないで、言われれば後退する一方の人です。私がモスクワ放送をとびだすことになったのも彼のせいですから。私も多くの知識人と一しょで、彼がペレストロイカを唱えたときは彼を信じたのです。本気だと思ったのです。ところが彼はどんどん後退して、旧勢力が台頭して、放送局でもだんだん検閲が厳しくなった。彼の下でですよ。それで仕事ができなくなった」

ソ連のメディアに対する評価も辛辣そのものだ。特に世界最大部数の新聞とされた「プラウダ（真実）」についてはこう言っている。

「プラウダの体質はいかんともし難い。七十年間にわたって、ウソを書き続けてきたわけですから、いいことだけ言って、わるいことは全部隠してきたということはウソをついていたということですから、あの虚偽体質はどうしても直らないで、たびたびひんしゅくを買う記事を出して、調べるとそんな事実はなかったということがある」

怒りを込めた批判は、とどまるところを知らない。

モスクワ放送の『炭坑節』

厳格で、職場を愛した人だった。２０１１年にモスクワで亡くなる4年前、友人に宛てた手紙の中で、モスクワ放送について、『炭坑節』の替え歌で記している。「モスクワ放送を恋しがり、ほとんど毎日、朝の掃除の際にモップで床をふきながら歌っている」というのだ。「月が出た出た　月が出た　モスクワ放送の上に出た」

それに続く、歌詞はこんなふうだ。

1、「あんまりアンテナが高いので　さぞやお月さん　じゃまだろう」
2、「あんまり美人が多いので　さぞやお月さん　うらやましかろ」
3、「あんまり検閲が厳しいので　さぞやお月さん　しかめ面」
4、「あんまり遅刻がひどいので　さぞやお月さん　あきれ顔」
5、「あんまり直訳が多いので　さぞやお月さん　分かるまい」
6、「あんまりニュースが遅いので　さぞやお月さん　待ちぼうけ」
7、「あんまり放送が固いので　さぞやお月さん　肩がころう」

注釈までついている。6番はこうだ。

「ニュースがおそいのは、重要なニュース（放送材料）をすべて党の中央へ電話して放送すべきかどうかを尋ねなければならなかったからです」

4番の遅刻については「私は放送室関係の遅刻を一切なくするとともに、仕事の規律を正し、各課の放送室を管理し、技術援助をする課の人から『全部の課が日本課のようであったらどんなによかろう』と言われるほどになりました。私はこの努力を買われて、レーニンの生誕記念日に国家賞『レーニン賞メダル』を授けられました」。

この4番で、とばっちりを受けたのが、日向寺さんだった。

「近寄りがたい人。真面目で誠実、規律と秩序の人でした。私は朝10時の始業時刻に遅れてしまうことがあって、ある日出勤したら机の上に『迷惑をかけないように』と藁半紙の書き置きがあったのです。毎日顔を合わせているので、直接言えばいいのになあと。そうぼやいたら、岡田嘉子さんから『あなたは清田君に嫌われているのよ』と言われてしまいました」

日向寺さんはもちろん、清田さんをはじめとする抑留を体験した世代の先輩たちを敬う気持ちを持っていた。2015年、「モスクワで終戦記念日に思ったこと」という一文にこう書いている。

「私自身は、ソ連体制末期、ゴルバチョフのペレストロイカ時代に放送局に採用されたので、そうした世代の方々が、複雑な思いや挫折感、言い換えればソ連に裏切られたという思い、そして当然ながら強い望郷の念を胸に秘めながら働いている姿を間近に見る事が出来た最後の世代に属する。皆、御自分達の過酷な体験をもとに、決して戦争を再び起こしてはならないという固い信念のもと、鉄のカーテンが降ろされた向こう側で、日本人としての誇りを失わず、誠実に働いておられた。先輩方は、ソ連社会主義体制の単なる政治的宣伝放送の枠を超えて、戦後しばらく抑留者の方々の安否を故郷に伝える番組を準備したし、放送の中でできるだけソ連・ロシアの一般の人々の考え方や生活感を伝え、豊かな文化や芸術、音楽を紹介し、日ロ両国民の相互理解の小さな架け橋になりたいと願っておられた。そこには、戦争によって強引に運命を変えられ、戦後の国際情勢に翻弄されながら、黙って自分達の重い運命を引き受けた先輩達の強い祈りがあった」（「日ロ交流」２０１５年９月１日）

第5章

迷いの中を

ロシア国籍日本人

清田彰さんと同じ1920年代生まれの世代で、過酷な体験を経た人にもう一人触れたい。モスクワ放送やソ連の外国向け出版社「プログレス」で働いた川越史郎さんだ。

この人のことを私が知ったのは2002年だった。私は福岡勤務が4年目に入り、裁判や検察の取材を担当して忙しかったけれど、少しずつ自分の時間を持てるようになっていた。学生時代に挫折したロシア語が気になった。そして、おそらく市内唯一のロシア語の教室があった、日本ユーラシア協会福岡県連合会（当時）の入っているビルに行ってみた。協会がどんな組織なのかなどの知識は、当時全くなかった。

福岡市中心部の那珂《なか》川べりに立っている毎日新聞社福岡総局から川に沿って北側に5分ほど歩いたところだった。かなり古ぼけたビルのエレベーターに乗って5階に上がり、薄暗い廊下を歩くと、小さな磨りガラスがはめ込まれた木の扉に「Добро пожаловать（ダブロー・パジャーラバッチ／いらっしゃいませ）」と、お世辞にもきれいとはいえない筆記体のロシア語で書かれた白い紙が貼ってあった。歓迎された気分にはなれず、初めて入るのには相当な勇気が要りそうな部屋だった。

出迎えたのは50歳を少し回った小柄な男性だった。講師の古川治《ふるかわおさむ》さんだった。週末の午後に開かれていた初級のクラスに入れてもらうことになった。来ていたのは、福岡大学や西南学院大学の学生が合わせて3人くらい、それに社会人が私を入れて3〜4人だった。当時35歳の私が最年長だった。

部屋にはロシアの航空会社アエロフロートの機内誌のほか、ソ連が崩壊して10年ほどたっていたけれど、「今日のソ連邦」や、月刊写真雑誌「ソビエトグラフ」のバックナンバーが棚に積んであった。机の上には古いロシア語の本が何十冊か並べて置いてあり、「井上満《いのうえみつる》文庫」とあった。誰なのか、当時の私には分からなかった。ロシア文学関係のホームページをたどったり、書籍をめくったりして分かったのは、福岡県久留米市出身の有名なロシア文学者で、半世紀近く前に亡くなった人だということくらいだった。当時は、今回のテーマを取材するうえでのキーマンだとは全く気がついていなかった。

古川先生はその中から、煮染めたような黒っぽい色に変わっている古いロシア語のハードカバーの本の表紙を開いて、「どうだ、ショー・ショムのサインがあるだろう」と自慢して見せた。達筆な字で「昇曙夢」とあった。恥ずかしいことに、この人のことも全く知らなかった。それどころか、この漢字3文字のどこまでが名字で、どこからが名前なのかさえ分かっていなかった。昇（1878～1958年）は著名なロシア文学者で、名字は「ショー」ではなく「のぼり」と読むこと。鹿児島県奄美大島の出身で、1文字の名字はこの地方の特徴の一つであること、長男の隆一《りゅういち》がシベリアに長期間抑留されていたことなどが、後から段々と分かってきた。

ときどき教室を訪ねてくる人たちも魅力的だった。モスクワの日本大使館の医官の妻だった米倉《よねくら》さんは1980年代のモスクワやその郊外のダーチャ（別荘。菜園付きセカンドハウス）での暮らしぶりを教えてくれたし、満洲ハルビンにあったロシア語専門教育機関「哈爾濱学院」出身のおじいさんがロシア語を教えてくれたこともある。

どうして皆、マイナーなロシア語なんかを勉強するのだろう。授業の後、教室にあった酒を飲みながら話をするようになった。山口県出身の福岡大4年生、河谷靖《かわたにやすし》さんは祖父がシベリアに抑留されたまま帰って来ず、終戦から10年以上たってから県庁を通じて届いた遺骨の箱には何も入っていなかったことを話してくれた。かわいがってくれた祖母が悲しそうにそんな話を語るのを聞いて育ち、祖母の遺志を継いだ心優しい青年は、手がかりのないまま、新潟から一人で飛行機に乗って、ロシア極東ハバロフスクに向かったのだという。ハバロフスクは人口が60万人を超える大きな都市なのに、空港から市内に行くのに、公共交通機関がない不便な街だ。よく一人で行けたものだ。さらに感心したのは墓地にたどり着けたことだ。ロシア人に英語で「フラワー」と言ったら、郊外の大きな日本人墓地に連れて行かれたそうだ。日本の青年がよほど必死の形相で、行き先を言い続けたに違いないと想像する。11月だったらしい。寒かっただろう。もう雪が積もっている中、たどり着くまでいったいどのくらいの時間がかかったのだろう。おっとりとした育ちのよい河谷さんの行動力には驚くばかりだった。

だが、雪をかき分けても、墓碑銘にそれらしい名前も手がかりもなかった。そのときはいったん帰国したが、言葉を学んで、大学院に進んだら再び遺骨探しに行くのだと言っていた。祖父の死亡を知らせる山口県の公報には、「昭和22（1947）年5月1日、ハバロフスク州ホルモリン地区ドーフ駅付近で消息をたった」とあった。ハバロフスクよりも、かなり北の方だとしか分からなかった。「最期の地」というタイトルで、河谷さんのことを「毎日新聞」西部版（九州・山口）夕刊社会面の囲み記事に書かせてもらった。2002年の暮れだった。

その場に居合わせた20代後半くらいの会社員の男性の名前が思い出せない。教室の中で一番成績のよい人で、その年にあったロシア語検定3級（初級である4級の次のレベル）に合格していた。その人の勉強の動機は覚えていないが、本をよく読んでいる人だった。教えてくれた本の一つが、前出の川越史郎さんの著書『ロシア国籍日本人の記録』だった。シベリア抑留者だった川越さんが帰国せずにソ連に残って働き、ソ連崩壊後の1994年に書いた回想録だった。

「リッパナ　キョウサンシュギシャニナッテ　ニッポンニ　カエッテクル」

収容所から日本の友人に、こんな内容のはがきを送っていたというエピソードも登場する。

引き込まれるように読んだ。

川越さんは1925年9月18日、宮崎県生まれ。鹿児島市の旧制第七高等学校（現・鹿児島大学）在学中、熊本の航空機工場での部品作りに動員された。1945年3月に召集され、学徒出陣で満洲のソ連との国境を守る重砲部隊に配置されて終戦を迎える。戦争は終わっていたけれど、ソ連軍に捕まり、貨車でハバロフスクを過ぎ、コムソモリスク・ナ・アムーレへ。そこから先はトラックで運ばれた。青々とした松林の先にあるバラックが収容所だった。

「作業はさまざまであったが、主な目的はここに鉄道を通すことだ。まず堅固な自動車道路を建設して、それと並行に鉄道を敷設する計画であるらしい」

川越さんはバム鉄道（第二シベリア鉄道）の建設に駆り出されたようだ。

「空に向って真直に伸びているシベリア杉を切り倒す。ロシアのノコギリは刃の両方に握りがついていて、二人で交互に引き合いながら挽いてゆく。伐採現場では、ノコギリが幹を切り終えそうになると、別の作業員が切れ目の反対側にオノで楔《くさび》形の切れ目を入れる。そして切れ目を入れた方向に幹を押しやる。杉はギイギイきしみながら、どさりと地面に倒れる」

川越さんの著書にはシベリア抑留者の体験記によく出てくる木材伐採の場面が続く。相当な重労働だったはずだ。ほかの体験者から、木こりの仕事は格別に腹が減るものだと聞かされたこともあるし、食糧の配給は乏しくて、1日分として配給されたわずかな黒パンを朝食のときに全部食べてしまったという悲しい話、ひもじい思いをした話を聞いたり、読んだりしたことがある。作業に慣れない中で倒した木の下敷きになったりして、死者が出た話もあった。

川越さんが収容されたフルムリ地区を私は2018年に訪れたことがある。3月下旬だというのに雪が一面に残り、連日氷点下10℃を下回る厳しい気候だった。先に挙げた河谷さんの祖父が亡くなった「ホルモリン」とは、フルムリのことを日本人が音で聞いてそう書き表したものらしい。死者が多く出たところだ。ところが、川越さんの体験記には意外なことに、仲間の死の目撃談など悲惨な「シベリア三重苦」（極寒、重労働、飢餓）があまり強調されていない。自分が体調を崩す場面も、次のように淡々と書いている。

「氷点下三十度の本格的な冬将軍がやってくると、高校を中退したばかりの青二才で、力仕事などたえてしたことのない私は疲労してやせ細り、診断の結果、丙種と判断されて室内作業に回された」

思想のとりこになった

川越さんは黒パン工場勤務となる。工場で働くにはロシア人の職人と意思疎通できることが条件だったようだ。過酷な抑留生活の中で、ロシア語を少しずつ勉強したおかげで、「たどたどしいながらロシア語がしゃべれるようになっていた」からだと説明している。

通訳をしていた青年から露和辞典を借りて言葉の意味を調べ、バラックの屋根を葺《ふ》くのに使った薄い木板に書き留めて単語集を作って枕元に積み上げ、夜ごとに暗記していたのだという。当時のエリート層だった旧制高校生らしい利発さを発揮した。

健康を回復させ、道路工事の仕事に復帰した後、抑留者向けにソ連側が発行していた日本語の「日本新聞」を手に取る。日本の労働運動やその指導者、日本共産党の先駆者、特高警察に虐殺された作家の小林多喜二《こばやしたきじ》のことなどをこの新聞から学んだ。そこで「ソ連共産党小史」も読んでいる。

「生活は働くこと、食べること、寝ることに明け暮れていた。知的な面ではまったくの真空状態であったといってよい。そこに社会主義といわれる思想が入ってきた。私がこの思想のとりこになったのは無理もない」

収容所内に残っていた軍隊組織に反旗を翻す民主運動に加わるようになっていく。地域の大都市ハバロフスクに集められて、活動家教育を受けるようになる。そこで、ソ連軍中佐から声をかけられるのだ。抑留生活が２年目の後半を迎えた１９４７年春。

「あなたのことはよく知っています。どうですか、ソ連に残って日本民主化のために仕事をする積りはありませんか」

日本で帰りを待ちわびている母や４人の弟のこと、高校の友人たちを思い、「迷いに迷い、苦しみ抜いたあげく」、猶予の１週間後、川越さんは「日本の革命のために一身を献げても惜しくはない」と承諾の返事をした。


サハリンの新聞社の仕事だと言われていて、少しでも日本に近づけるという思いもあったようだ。しかし、配属されたのはハバロフスクの日本向けの放送だった。

ここで同僚として出会ったのが、赤沼弘さん（後に「ソビエト婦人」日本語版編集長。１９８９年に64歳で死去）、のちに加わったのが３歳上の清田彰さんなのだが、赤沼さんの回想では、放送局に入った経緯が川越さんの話と少し食い違っている。

赤沼さんは東京育ちで、「哈爾濱学院」の25期生だ。週23時間のロシア語特訓教育を受けていたという。33人の同期生が45年５月に召集されて、関東軍に繰り入れられて４人が戦死。残る29人のうち25人がシベリアに抑留された。このうち2人が収容所で病死し、赤沼さんを除く22人は1950年までに帰国した。同期生でソ連に残留したのは赤沼さん一人だったという。

同期生で元毎日新聞モスクワ特派員の谷畑良三《たにはたりょうぞう》さんの聞き取りによると、赤沼さんはチグローバヤ地区で木材の伐採作業にあたり、通訳も務めていた。民主教育を受けることになり、ハバロフスクに呼ばれた。そこでは当局が抑留者を思想教育するために発行していた「日本新聞」の仕事を手伝うことになった。そんな折。

「ハバロフスク放送局がロシア語ができて標準語（日本語）の話せる人を求めていることを知らされた。『誰にも話すな』といわれたうえで誘われた。何回か断ったが、とにかく受験だけはする、ということで定められた日に放送局にでかけた。20人ほどの受験者が集まっており、中佐の制服をつけたロシア人将校が面接試験を行った。そうしたら合格してしまったんだよ。ぼくと、川越史郎と、もう一人タツノという男の3人だ」（谷畑良三「昔、『社会主義』があった頃②　モスクワ郊外に眠る級友」）

赤沼さんの話では、単純にスカウトされたのではなく、そのうえで面接試験を受けて選抜されたということになっている。どちらが正しいのか。ソ連の公文書を発掘しない限り、検証しようがないが、プライドの高い川越さんが面接試験のことをあえて書かなかったか、忘れてしまったのか、どちらかのような気がしてならない。

川越さんはそこで何の仕事をしていたのかを、はっきり書いていない。

「モスクワから送ってくるロシア語のテキストを赤沼君が翻訳し、それをバンドゥーラ中佐（編注：日本課長）とバイコフ大尉がロシア語と照らし合せて誤訳があれば訳文を訂正し、あとでまとまった日本文に仕上げて放送するというのであった。放送員はアナウンサーなどと言えるものではなく、読み違えると軍隊式の『もとい』が飛び出す始末であった」（『ロシア国籍日本人の記録』）

１９９２年にジャーナリストの岩上安身《いわかみやすみ》さんのインタビューを川越さんが受けた際に「ロシア語の達者だった赤沼が翻訳し、私が日本語をリライトしてそれを読みあげる、日本向けのプロパガンダ放送のアナウンスをはじめました」（『ソ連と呼ばれた国に生きて』）と答えているから、アナウンサーをしていたのだろう。本格的な発声の訓練などを受けた経験がないだろうから、上手に放送できず、それで当時の仕事をぼかした書き方をしているのかもしれない。

川越さんはそのころロシア人女性と知り合うが、放送局の運転手を通じて、「梅毒だよ。別れた方がいい」と忠告を受ける。別れさせるための見え透いたうそだが、当時の川越さんにはそれが分からなかった。まだソ連の市民権を得ず無国籍で働いていた日本人抑留者は、当局から監視され、市民に近づかせないようにされていたことに後から気づいたという。

それでも、のちに赤沼夫人となるナージャさんから、休暇でハバロフスクに遊びに来た妹のワーリャさんを紹介される。モスクワ郊外に住む彼女と遠距離交際が始まった。５歳年下のワーリャさんはまだ20歳になっていなかった。ラブレターは同僚の清田さんが添削して、正しいロシア語に直して送っていた。

スターリンの粛清に動転

1951年か52年頃、モスクワに転勤。のちに書かれた履歴書には「文芸編集者、後には翻訳員として勤務」とある。ロシア語の能力が徐々についていていたのだろう。ソ連の国籍を取得してワーリャさんと結婚し、ソ連社会に足場を築いたが、早くもそれをぐらつかせる事態が生じる。53年に起きた最高指導者スターリンの死だ。社会全体が喪に服し、当時市中心部にあったモスクワ放送の窓から外を見ると、遺体が安置された赤の広場から弔問の列が何百メートルも続いていたという。

川越さんの著書や手記には見当たらず、当時のソ連のメディアでも報じていないが、弔問に訪れたモスクワ市民が通りで押され、多数の人が圧死する事故が起きていた。ロシア人の小説によく出てくる。身重だった川越さんの妻ワーリャさんも巻き込まれそうになり、間一髪で助かったのだと長男のセルゲイさんが書いている。セルゲイさんは1970~80年代のソ連を代表するロックグループ「マシーナ・ブレーメニ（タイムマシン）」の初期のメンバーとして知られる人だ。

「母の話によれば、父が彼女を（つまり私も）トヴェルスカヤ通りの建物の玄関に引き入れたのはまったくの奇跡であったそうだ。この悲劇の日、何十人もの人が亡くなった」（カワゴエ・セルゲイ「父の国日本」）

のちに政権を担ったフルシチョフによって、スターリンが恐怖政治によって国民を大量に殺害していたことが明らかになる。

先の岩上さんのインタビュー集『ソ連と呼ばれた国に生きて』の中で、川越さんは次のように答えている。

「あのときの驚きといったら、気も動転せんばかりで……。わかってもらえるでしょうか、私の驚きを。今まで偉大な指導者とされてきた、絶対に誤りをおかすことはないといわれてきた人物が、あれほどの犯罪を犯してきたわけです。呆然とするほかはなかった。ここで私は、今までの価値観を再検討することを余儀なくされました」

何のためにソ連に残ったのか、気持ちは大きく揺らいだ。

その後、ラジオのモスクワ放送から出版社の「外国語図書出版社（のちの『プログレス』）」に移った。ソ連の政治・経済をはじめとする図書を十数カ国語に翻訳して出版し、外国に発送する出版社だった。川越さんの著書によると、日本、中国、朝鮮向けの極東部があり、約30人のスタッフがいたという。媒体は変わったが、ソ連という国家の公式見解を日本に伝える仕事には変わりはなかった。そこで「ソビエトグラフ」日本語版の編集責任者を長く務めることになる。

生活は一般市民より、かなりよいものだったようだ。1970年に受けた「週刊朝日」の取材によると、当時住んでいたアパートは家賃12ルーブル（4800円）の2DKで約45平方メートル。月収は原稿料を含め500ルーブルで、猟銃協会に勤めていたワーリャさんの給料と合わせて600ルーブル（24万円）を超えていた。ソ連の国産車モスクビッチ（3600ルーブル、144万円）を保有していた。

おごる平家は久しからず！

一時帰国の願いは、なかなか認められなかった。プログレス出版社党組織書記の推薦状を添えて内務省に申請書を提出したが、「検討した結果、わが省はそれに対して否定的な回答を与えざるをえない」とあり、理由は一言も書いていなかったという。あきらめきれずにソ連最高会議議長あての手紙を書いたら、代議員が面会してくれたが、やはり認められなかった。

一方で、家族をソ連に招待するのは構わないのだという。1963年には母や弟をモスクワに呼び、ソ連の人たちがよく夏を過ごす黒海の周辺の保養地に連れて行っている。

ようやく帰国がかなったのは70年4月。25年ぶりの日本では1カ月半かけて、東京や故郷の宮崎、旧制高校生時代を過ごした鹿児島、それに広島などを回っている。

その後はたびたび日本に顔を出すようになった。戦後の日本はかつてと様変わりしていた。ソ連崩壊直前の１９９０年に川越さんたちソ連に残る日本人を取材したＮＨＫのテレビ番組『国境の向こうの歳月〜シベリア・未帰還者の手紙〜』（8月15日放送）に、ソ連に戻る際に弟に宛てて書いた手紙が紹介されている。

「おごる平家は久しからず！」

「平家」とは日本のことだろう。手紙には、ソ連よりはるかに高い生活水準になった日本の経済発展を目の当たりにしてショックを受け、より良い社会を求めてソ連にとどまった者としては素直には受け止められない心情がしたためられていた。


川越さんが編集していた「ソビエトグラフ」日本語版は、ソ連の公式メディアである以上、事実の報道という点でも限界があった。１９８６年4月26日に起きたチェルノブイリ原発事故の記事は、同年7月号にようやく掲載された。「ソ連中央テレビでのゴルバチョフ書記長の演説（要旨）」を引用し、「惨事」と表現したものの「事故発生時に二人が死亡した。（中略）五月一四日現在、二九九人が放射線症と診断されて入院し、そのうち七人が死亡した」と事故を実際よりはるかに小さく報じたうえ、米国の政治家の発言や報道を捉えてそれらを「野放図な反ソ・キャンペーン」と非難するものだった。しかも事故後、記事が掲載されるまでの間に発行された号には、事故のあったウクライナの保養地への旅行を呼びかけるアエロフロートの広告が載っていた。

価値ノ再評価デス、イタシカタアリマセン

1991年12月、ソ連は約70年の歴史に幕を下ろした。川越さんはのちに、雑誌「社会主義」での連載で、当時の日記に記した「自由詩まがいの文章」を明らかにしている。

イママデ、築イテタト思ッタモノガ、
コレマデ、挙ゲテ尽シテキタト思ッタモノガ、
音ヲタテテ崩レテシマッタ。コウササヤク声ガスル。
「価値ノ再評価デス、イタシカタアリマセン」
ワタシハ答エル「ソレワ、タシカニ、モウ二度ト戻ッテコナイ人間ノ半生ガアルノダヨ」
（「ソ連の対日マスメディアで活躍した日本人⑥」）

92年の先の岩上さんのインタビューにも同じようなことを答えている。
「今までの人生は一切無駄だったのか、そういう気持ちですよ。自分の青春を、自分の人生の

すべてをささげてきたのに、今になって無駄だったと残酷にも宣告されてしまったこの気持ち。そしてその気持ちの一方には、自分の過去をなんとか合理化したい、すべてが無駄だったわけではないと思い込みたいと必死であがく気持ちがある」

約2年後に出版された著書『ロシア国籍日本人の記録』の「おわりに」（93年11月25日付）では、「こうして私は今、この混迷の世界に生きている。ソ連邦消滅のさいには、自分の築いてきたものが一瞬のうちに崩れ去った幻滅を味わされたものであった。だが、時が経ち、より冷静な目で過ぎし歳月を振り返ってみると、そこには喜びもあり悲しみもあり、人間の営みがあったのだ」。

いくぶん気持ちが持ち直しているように見える。

川越さんはワーリャさんと別れ、ソ連崩壊後は極東ウラジオストクに一人で赴任し、ＮＨＫが開設した支局の手伝いをした。

考えてもどうにもならない

著書を読んだ私は、波乱の人生を送った川越さんに会いたい気持ちが抑えられなくなった。２００４年、東京社会部にいた私は、「外から見た日本の戦後60年」を川越さんに語ってもらったら記事が書けるのではないかと考えた。

連絡先が分からなかった。インターネットで検索してみると、中部地方の友好団体から出版された子ども向けの本の翻訳をしていることが分かった。その団体を通じてモスクワに住んでいることを教えてもらった。名刺を同封して手紙を書いてみると、しばらくたったころに社会部に名指しで電話がかかってきた。出かけていて電話に出られなかったのが残念だった。年金生活者であるはずの川越さんがお金をかけて、わざわざ高額な国際電話をかけてきてくれたのがありがたかった。「返事を書きます」という伝言が残されていた。

航空便の手紙を受け取った。だが、私が思ったような答えはそこには全くなかった。

「あなたの質問の答えになっていたでしょうか」

記事にするのは難しい。それでも会ってみたかった。その年の9月、夏休みを使ってモスクワのご自宅を訪ねることにした。ところが、モスクワに着き、訪問の細かな日時を打ち合わせるためにホームステイ先のお宅から手紙に書かれた番号に電話をかけたが、つながらない。たどたどしいロシア語で「川越さんをお願いします」と言うと、いつも女性の声で「そういう人はいません」と言われてしまった。ホームステイ先の家の人に代わりにかけてもらったが、結果は同じだった。

やむを得ず、住所を頼りに直接家を訪ねてみることにした。9月11日土曜日の午後。赤い車体の地下鉄に乗って、モスクワ大学の最寄り駅の二つ先「南西」駅で降り、緩い坂を上がって10分ほど行ったところに、日本の団地のような一角が現れた。中庭でサッカーをして遊んでいた少年たちに、「日本人」「カワゴエ」と単語を並べてみたら、背の高いやせた白人の少年が先導して部屋の前にまで連れて行ってくれた。階段で行ったのか、エレベーターに乗ったのか。思い出すことができない。

鉄のドアが開いて、小柄な男性がちょっと驚いたように顔を出した。

「その子は、私が子どものころから面倒を見ている子でね。運がよかったですね」

10年前に出版された本の写真の通りで、明るい笑顔が印象的な人だった。

突然の訪問をわび、「電話が通じなくて」と言い訳をして、いただいた手紙を見せたら、番号の数字が1つ違って書かれていた。家の間取りは全く覚えていない。リビングでいすに腰かけると、やはり昔の写真のまま少しふけた細面の美しい奥さんが、楽しそうにティーバッグで淹れた緑茶を運んできてくれた。どうやら、よりを戻していたらしい。

モスクワで日本茶がいただけるなんて、と驚いていたら、「どんな代物か分かりませんよ」と川越さんはいたずらっぽく笑った。取材の意図を説明すると、困ったような顔をして「日本のことは分からない」と繰り返して答え、話はかみ合わなかった。川越さんは月2600ルーブルの年金で生活していくのが、いかに厳しいかを訴えた。当時のレートで1万円前後だったのではないか。「今のロシアはひどい。貧富の差が大きい。ソ連を崩壊させたのは誤ちだった」とか、60キロ離れた郊外にあるダーチャに行ってはキャベツやタマネギなど野菜を取ってくるというようなことも言っていた。

「人生というものはいろんなことがあって、偽の社会主義を信じていろんな障害を乗り越えた。異国の女性と結婚し、苦労した人生があったんだ。日本に帰って普通の会社員になって過ごすのがよかったのか、異国で過ごすのがよかったのか。迷うこともある。母も首を長くして待っていたんだ。弟たちの面倒を見なくてはならなかった。考えてもどうにもならない」

私のノートに残っていたメモにはこんな言葉が並んでいた。

旧制七高の同級生で、来日の受け入れをしていた原後山治《はらごさんじ》弁護士とＮＨＫの川口幹夫《かわぐちみきお》元会長の名前を挙げて、帰国したら訪ねるようにと言われた。私は帰国後、東京・四谷に法律事務所を構えていた原後さんと連絡を取ることができたが、約束の日に急に別の取材に呼び出され、キャンセルせざるを得なくなった。その後、原後さんに川越さんの近況を伝えることはできないままとなってしまった。

初秋のモスクワに話を戻す。話はかみ合わないまま長い時間お邪魔した。記事にするのは難しい。でも、不思議とがっかりした気持ちにはならず、会えてよかったと心から思った。愛嬌《あいきょう》のある人だった。

日が暮れてきた。川越さんの住むモスクワ南西部から、ホームステイ先の家庭がある南東部を直接結ぶ交通機関はない。いったん市中心部に地下鉄で向かわなくてはならず、1時間ほどかかるところだった。「帰る」と言うと、電話をするように勧められた。「ソ連時代から市内電話は無料だからね」と。それだけが変わっていないよい面だと言いたそうだった。ロシア語でお世話になっている家のおばあさんと話したが、話が進まない。見かねた川越さんは鉛筆を手にし、大きく読みやすいロシア語で「ヤー・シーチャス・プリエードゥー（今から帰ります）」と紙に書いて、そう言うように促してくれた。別れ際には「土曜日の夕方の地下鉄は外国人には危ないから」と心配してくれた。一期一会になった。

ホームステイ先のおばあさんが最寄りの駅まで迎えにきてくれた。バスの中で「誰に会ったのだ」と訊くので、「戦争の捕虜だった日本人だ」と言ったら、周囲をそっと見回して「そういうことは外で言わない方がいい」と忠告された。

次の日、川越さんに電話をかけた記録がノートに残っていた。市内電話は無料だと言われ、甘えたに違いない。「日本に帰らないのですか」と尋ねている。答えは長かった。

「最近は考えていません。生活の糧がない。財政的基盤があればとも思うのですが」

ノートには歯切れの悪い答えが続いている。後になって、理由が少し分かった。

川越さんは93年から約4年間、ＮＨＫウラジオストク支局の助手を務めたが、在職中に心臓の病気が見つかり、東京の病院に入院して手術を受けた。その際に、原後弁護士に依頼して日本国籍回復を試みていたのだ。94年3月8日付で日本の法相に宛てた手紙に記している。

「戦争が契機となり、満州での軍隊勤務、シベリア抑留生活、ソ連での労働と、まことに数奇な運命をたどりましたが、近く六十八歳を迎えるにあたり、望郷の念はやみがたいものがあり、できようことなら、生れた祖国に骨を埋め《ママ》た所存であります」

しかし、日本で年金受給資格がないことから国籍取得を断念。97年10月、長男のセルゲイさんがカナダのトロント郊外の都市ウオータールーに移住するのについて行った。

2004年9月12日の電話取材の記録に戻ろう。カナダの印象をこう語っている。

「カナダはいいところでした。人は善良で差別もない。医療は万全だ。だが、どうにも住めなくなった」

70歳を過ぎて渡った新しい土地。友人もおらず、言葉も通じない。1カ月でモスクワに戻ってきたのだという。私の記憶から抜けているのだが、ノートにはこんなメモが残っていた。

「回遊魚の人生ですよ。モスクワの生活がつらいのは百も承知だが、50年も住み、青春時代を過ごして第二の故郷のように感じている。人間にはふるさとを慕う心というものがある。オレはモスクワに眠る」

ちょっと格好をつけて言っているけれど、結果的には、奥さんとよりを戻しに、この街に帰ってきたのではなかったのか。困難を承知で、青春時代と同じ道を選んだのだから。

われわれの半生の努力は有益であったか

翌2005年の年末に、もう一度モスクワを訪ねた。雪景色の街に着いてから川越さんに電話して面会をお願いしたが、ちょっと機嫌が悪かったのか、「あなたはいつも突然だから」と切られてしまった。川越さんはそれからほどなくして亡くなった。

亡くなる直前の2005年に雑誌「社会主義」に連載した「ソ連の対日マスメディアで活躍した日本人」では、自分とその周りにいた仲間たちの人生を、川越さんらしいひょうひょうとしたタッチで描いていた。「おわりに」で、こうつづっている。

「シベリアの抑留所から、サハリンから、あるいは北京から、年月の差こそあれモスクワやハバロフスクにやってきた。総勢15人を超える人たちが、約半世紀にわたって日本向け『ロシアの声』放送にたずさわってきた。朝から晩まで共産主義の宣伝につつを抜かしていたわけではない。5年毎に開かれる党大会の基調報告とか政治局員の発言とかの放送をのぞけば、放送内容は主として国内ニュース、時事解説、音楽とその解説、ロシア民謡、それに聴取者の手紙の返事などであった」

「われわれの半生の努力ははたして有益であっただろうかという疑念にとらわれることがある。この疑念をある時、金さん（モスクワ放送日本課のアナウンサーを務めた朝鮮系ソ連人のヴィクトル・キムさん）にぶつけてみた。金さんは即座に『そりゃあいろいろありましたね。しかしね、社会主義や共産主義思想の宣伝をやったんじゃない。つきつめていえば日ソの相互理解と日ロ友好を訴える放送だった。いまでもそうでしょう？』まったく同感である」

元NHKディレクターの馬場朝子《ばばともこ》さん（71）は、1970年からモスクワ大学に6年間留学した。ＮＨＫ入局後は『きょうの料理』や自然番組に携わり、自分が本業だと考えていたソ連に関わる番組を作ることがなかなかできなかった。先述の番組『国境の向こうの歳月』は、はじめての本格的なモスクワ取材で、ソ連に残留する人たちを取材した。この番組で清田さんと川越さんに会い、家族を含めて取材している。馬場さんは２人のことをよく覚えているという。

「清田さんは『自分は日本とソ連の架け橋だ』と言い、それに誇りを持っているように感じました。ものすごくまじめな努力家で、あまり迷いを感じませんでした。一方で、川越さんは当時、周囲のソ連の人たちと同じように迷いの中にあったのではないでしょうか」

２人とも収容所で出合った社会主義を信じてソ連に残った。だが、社会主義体制の崩壊を受けて、やはり、ともに「自分の人生はこれでよかったのか」と悩んでいたのではないか。どこまでもまじめな清田さんと、明るく率直な川越さん。性格が違うから、悩みの顕在化具合が少し違った。そして、２人の人生に意味がなかったなんてことはない。そんなふうにいまは思う。

第６章 望郷と、ねがいと

反響の手紙に返事を書き続けて

1970年代に海外からの放送を聴取するのが中高校生らの間でブームになっていたころ、モスクワ放送を聞いて感想を送ったり、音楽のリクエストをしたりしたことのある人が、口をそろえて語るエピソードがある。モスクワ放送から届く返信には、イラスト付きのカードや絵はがき、番組表とともに、直筆の丁寧な手紙が添えられていたことだ。

「久しく降り続いた雨もようやくあがり、ここ数日初夏の太陽がまばゆく輝いています。雨の

おかげで今年の街の緑はひときわ鮮やかです」（1976年ごろに蒲生昌明さんが受け取った手紙より）

「四月がやってきました。モスクワの日中の気温はプラス五度前後で雪も殆《ほとん》ど溶け町には春の香りが漂います。広大なソ連の南部ではもう種蒔の季節ですが、シベリア北部ではまだ零下二十五度の厳寒です」（1984年ごろ同）

「モスクワも薫風の季節、町の緑が日毎に深まります。例年より早く、もうはこやなぎの白い綿毛が風に乗って舞い始めました。貴地の初夏は如何《いかが》ですか」（1984年ごろ同）

返信の手紙はこんな時候のあいさつにはじまり、お便りや曲のリクエストへのお礼がつづられていた。末尾に書いた人の名前はなく、「日本課」と記されていた。

中学、高校時代にモスクワ放送を聞いていた作家の佐藤優さんも手紙を受け取っていた一人だ。

「紫色のインクで丁寧な文字で書かれていましたね。『試験頑張ってください』とか、心をつかむのがうまい文章でしたね」と懐かしそうに語る。

キリル文字とローマ字の2種類で「ラジオ・モスクワ」と印刷された真っ白な用紙に、青いボールペンの細かい文字で書かれていた手紙を受け取っていた人もいる。

「日本課」を名乗っていたのは、岡田敬介さん（2013年、87歳で死去）である。俳優で悲劇的な逃避行で知られる岡田嘉子さんとは別の「もう一人の」岡田さんだ。日本課に届く手紙に対して、一人一人に返事を書き続けていた。

丁寧すぎる感じさえする手紙の内容や、文字の大きさや形は１９７０年代以降、ソ連崩壊を経てモスクワ放送が「ロシアの声」に変わった後のおよそ40年間にわたって、ほとんど変化がない。高校生時代の１９７２年から聞き続け、リクエストを出し続けた前出の蒲生昌明さんは、岡田さんからの手紙を何十通と受け取ったという。「岡田さんは終戦前後にソ連に来てから50年近く日本に帰れなかったはずです。異国に閉じ込められる中で、日本語を忘れるものかという執念のようなものを感じました。単なるサービス精神ではここまでできなかったのではないでしょうか」と心情を慮《おもんぱか》る。

確かに岡田さんからの返信の中には「貴地にはもう桜前線が迫っていることでしょう。お元気で春をお楽しみ下さい」（１９８４年ごろの手紙）などと、日本の花鳥風月を懐かしむ内容の文言が付け加えられていることがあった。

１９７０年代、日本語放送への反響の手紙の数がモスクワ放送内の国別で常に1、2位を占めることができたのは、岡田さんの功績とも言えるだろう。第1章で触れたが、アナウンサーの西野肇さんがビートルズを番組でかけて、レービン課長に怒られたとき、日本からの反響の手紙に喜び、西野さんを逆にほめたのも岡田さんだった。

温厚な人柄、勤勉な態度で知られ、「女子職員の憧れの的」「多くのロシア人職員から尊敬の念を集めていた」などと評した人もいる。残された写真を見る限り、にこやかな笑顔が写っている。1989年から在籍した山口英樹さんは、「いいおじいちゃんという印象でした。『言葉の勉強をするように』とロシア人の子ども向けの辞書をくれました」。

モスクワ放送では職員が、自らの誕生日を祝う「オフィス・パーティー」が開かれることがあった。1996年から働いた島田顕さんは、岡田さんが電子レンジを自宅から持ち込み、娘さんに手伝ってもらいながらスタッフに料理を振る舞う姿を覚えている。モスクワ郊外にあるダーチャ（別荘）で家庭菜園を営み、取れた野菜をスタッフに配ったりもした。

一方で、プライベートの姿を人に見せることは少なかったようだ。長年のリスナーである蒲生さんは1997年と2007年、モスクワに旅行した際に放送局を訪ねている。訪問を告げるために電話すると岡田さんが出て、出迎えてくれたという。

笑顔を絶やさず、グレーのスーツにネクタイを締めてきちんとした身なりをしていた。職場に招き入れてお茶を出し、「この機材はハンガリーから入れたのですよ」などと丁寧に説明していたことを蒲生さんは覚えている。だが、現地時間の午後5時をすぎて仕事を終えた日向寺康雄さんらが代わりに蒲生さんに応対し、外に食事に行くことになると、岡田さんは彼らと入れ替わるようにいなくなってしまったという。

仕事はリスナーからの手紙を受け付ける係だった。こう書くと、あたかも末端の職員のようだが、そうではない。日向寺さんは「日本課に届く手紙を全て開封する権限を持っていた。日本の新聞も検閲し、切り取ってから日本人職員に見せていた。（日本共産党の機関紙である）『赤旗』が七夕の短冊のように切り刻まれた姿になってから見せられたこともある」と証言する。

当時、日本とソ連の共産党の関係が悪化しており、日本共産党が「赤旗」紙上で、ソ連を批判することもあったはずだ。岡田さんはそうした「内輪もめ」のようなものを日本人職員に見せない方がよいと判断していたのだろうか。

岡田さんは日本人職員が勤務していた部屋ではなく、日本課のロシア人幹部たちの執務室で働いていた。モスクワ放送日本課に在籍した経験のある人たちは「日本人職員の監視役だったはずだ」と口をそろえる。一般市民がまだ自家用車を持てない頃から所有し、ダーチャは有力者の区画に隣接していたという。

エリート階層の一員として

岡田さんはソ連時代、指導層であり、一種の特権階級であった共産党員だった。慶應義塾大学教授だった中沢精次郎《なかざわせいじろう》さんの論文「ソ連共産党　その構成員の民族的組成」を読むと１９７３年の党員・党員候補は約１４００万人で、ロシア共和国を例にとれば人口の７・１％に過ぎない。政治的立場の違う国である日本の出身者が党員になるのは、相当ハードルが高かったはずだ。放送局での長年の功績が認められて勲章をもらった清田彰アナウンサーでさえ、党員にはなっていない。

経歴は謎に包まれている。日向寺さん、西野さんら放送局で同僚だった人たちの話を総合すると、1925年に兵庫県尼崎市に生まれた。東京で育ち、自由学園（東京都東久留米市）に学んだ。44年に学徒出陣で出征し、朝鮮半島にいたが、部下を率いて自主的にソ連軍に移った。社会主義ソ連に憧れていたのだという。戦後はカムチャツカ半島の漁業団（コルホーズ）で働き、そのころ結婚したが、1960年代後半にモスクワに移り、1968年からモスクワ放送に勤務した。ソ連崩壊後の「ロシアの声」時代を合わせると放送局への勤務は40年以上になった。亡くなる前年まで働いていたという。

日向寺さんは「捕虜になったのではなく、自主的にソ連に来たのだ」と本人から聞いている。同世代で、放送局で働いた清田彰さん、川越史郎さんらシベリア抑留中にスカウトされた人たちと自分とは違うというのが、岡田さんの自負だった。

戦争中、あるいはその直後に敵側である「ソ連軍へ移る」とは、いったいどんな状況なのだろうか。しかも、それ以上のことを聞かれるのを嫌がっていたようだ。日向寺さんによると、マスコミの取材を受けていたとき、「ソ連軍に移ったとき、部下の人たちはどうなったのか」という趣旨の質問をされたとたんに、岡田さんが席を立ってしまったと聞いたことがあるという。

「今まで誰にも言わなかったけれど」

他にも岡田さんの経歴を聞いていた人がいた。ペレストロイカ末期の１９８９年からソ連崩壊後の１９９２年まで3年間、モスクワ放送でアナウンサーを務めた半田亜季子《はんだあきこ》さん。当時、産経新聞モスクワ支局長だった斎藤勉《さいとうつとむ》さんの妻だ。いくら東西冷戦が終結する年だったとはいえ、ソ連とは本来相容れない立場の「産経新聞」の特派員夫人が、ソ連の公式見解を伝えるモスクワ放送に勤務するのは不思議な感じがする。局側に何か思惑があったのだろうか。

半田さんをモスクワ放送に紹介したのは誰だったのか。勤務の直接のきっかけは何だったのか。半田さんははっきり覚えていないとしたうえで、「80歳を過ぎていた岡田嘉子さんがお辞めになることになり、その後任として入ったのです」と説明する。アナウンサーとして、街頭インタビューを担当したそうだ。放送内容について、岡田嘉子さんが在職中にレービン課長に細かく指示を仰いでいたのを目撃したというが、半田さん自身は課長にお伺いを立てるようなことは求められなかったそうだ。出勤の際には黒塗りの乗用車で送り迎えがあったという。特別待遇だったことがうかがわれる。

半田さんは在任中、岡田敬介さんから娘のようにかわいがられたという。岡田さんはダーチャで取れたカブなど日本の野菜を届けてくれたという。

取材に協力してもらったとき、半田さんの左手には93年に岡田さんが一時帰国した際に一緒に銀座に行って、三越で買ってもらったというダイヤの指輪が光っていた。ソ連崩壊後のロシアでは価格の自由化導入によってハイパーインフレが起き、高齢者を中心に生活に困っている人が多かったはずだ。そのエピソードからは、混乱期であっても岡田さんは、なんらかの資産を持ち、余裕のある暮らしをしていたことも見て取れる。

半田さんは93年の来日中、岡田さんから「今まで誰にも言わなかったけれど」と前置きされて、身の上を明かされた。それを岡田さんが亡くなった後、追悼する形で雑誌「正論」２０１３年10月号に記している。

それによると、学徒出陣して朝鮮半島で敗戦。8月23日にソ連軍に捕まって捕虜になったと話したという。半田さんは「ソ連軍へ移った」というような話は聞いていないのだという。捕虜になった後、脱走。また捕まって、２週間後に放免。その後、ソ連の東の果てであるカムチャツカ半島の漁業コルホーズの募集に応じて、缶詰工場で働き、工場長の秘書と結婚。１９５９年に妻の親類を頼って、ソ連の東端から西端のレニングラード（現・サンクトペテルブルク）に行き、その後、首都モスクワの住宅公団に職を得る。さらに１９６６年、ソ連共産党員となり、その年、モスクワ放送に転職したのだという。

経歴とともに、心の内についても打ち明けている。１９８３年に大韓航空機撃墜事件が起きたとき、ソ連は非を認めようとしなかった。岡田さんはその事件を機にソ連の体制に疑問を持つようになり、いわば面従腹背の形で働いていたのだという。

「家族に迷惑がかかる」

放送局員や他の報道機関の人たちに語っていた表向きの自分史とは、かなり違うことが語られている。どちらが正しいのか。客観的な判定は難しい。半田さんは「私に対してはウソをつく理由がない。本当のことを（後世に）伝えてほしかったのではないか」と、自分に語った歴史を信じている。確かに、敵側に移るというような不自然な説明より信憑性がある。やっぱり捕虜だったのかと思えば納得もできる。ではなぜ、他の同僚には「捕虜になったのではない」と言い張っていたのだろうか。

加えて、なお不自然な点や、ところどころ説明の中に抜け落ちた点が目に付く。脱走後、ソ連軍に捕まったのに2週間後に放免されるなどということがあるのか。さらに、移住の自由が制限されていた当時のソ連において、極東の偏狭な場所から国内第2の都市のレニングラードや首都モスクワに移住するにはコネや理屈が必要だと思われるが、どんな事情があったのか。単にロシア語ができる日本人ということで、重宝されたということなのか。何よりも、ソ連共産党員にどうやってなったのか。

半田さんは「力のある方でした。特に軍に強かった」と証言する。ソ連末期、半田さんはサイドビジネスとして、デリバリーのカレー店を出してはどうかと岡田さんに持ちかけたことがあるのだという。岡田さんは軍に連れて行ってくれて、あっさりと許可を取ってくれた。岡田さんも出資する予定だったが、結局このビジネス自体が実現しなかった。

北方領土返還交渉でも相談した。スポンサーを探して、北方4島にリゾート施設を作るアイデアを持ちかけてみた。岡田さんの答えは「さすがに4島はまずいけど、カムチャツカなら、どこをどう使ってくれても構わない」だったという。

どれもただ者ではないことをうかがわせるエピソードだ。

東西冷戦終結後の1990年、ほぼ半世紀ぶりに日本に一時帰国を果たし、東京に住んでいた姉らと再会している。同世代で、同じように戦争を体験した清田さん、川越さんらが1970年代に一時帰国したことに比べると、極めて長い時間がかかっている。1973～83年にモスクワ放送で働いた西野さんは岡田さんに「帰国しないのですか」と尋ねたことがあるそうだが、答えは「家族に迷惑がかかるから」だったという。それは本当なのかもしれないが、ソ連共産党員の肩書きが日本政府のビザ発給の支障になった可能性はないだろうか。

半田さんは、岡田敬介さんが日本に来たとき、岡田家の墓に一緒に参ったことを覚えている。岡田さんは日本に帰ってきてから死にたかったのだろうと慮る。墓地の場所は「中央線の先の方だった」というから、高尾方面だろうか。

岡田さんは１９９３年の一時帰国の際、西野さんの東京・目黒の自宅も訪ねている。滞在はごく短時間で、車を待たせているようだった。西野さんに向かって「（日本に）帰って来られてよかったですね」とぽつりと言った。それが西野さんの心にずっと残っている。

２０１３年7月1日、ロシア人としてモスクワで亡くなった。ロシア正教徒としての葬儀が営まれ、モスクワ郊外に葬られた。「『ぼくには夢がある』とおっしゃっていました」と半田さんは言う。家族とともに日本に住みたいということだったのか。今となっては、それが何なのかは分からない。

ソ連の空気に身をさらしたい

西野さんがモスクワで活躍し、高校1年生の佐藤優さんが東欧・ソ連を旅行した１９７５年。モスクワ放送のもう一つの拠点であるハバロフスク支局に、24歳の中川公夫《なかがわきみお》さんがやって来た。入局した年やその時の年齢は西野さんに近く、同世代と言ってもいいかと思うが、そこに至る経歴はまるで違う。早稲田大学でロシア文学を学び、大学院在学中に教授の紹介で翻訳員の職を得た「本格派」だった。

今は亡き中川さんに代わって、妻の妙子《たえこ》さん（73）に話を聞くことができた。

2人が出会ったのは大学だった。

第一文学部で第1外国語にロシア語を選択した人で構成されるクラスでは、トルストイやドストエフスキーを好きな作家にあげる人が多かったが、2人はそうではなかった。ソ連の作家パステルナークの『ドクトル・ジバゴ』が好きだった。ロシア革命に翻弄される若者の運命を描いた大河小説。ロシア革命の描き方が問題視され、当時のソ連では読むことができない作品だった。

中川さんが大学院に進学し、妙子さんが東京で就職した後で、2人は結婚して、長男が生まれていた。そんなときに持ち上がったのが、中川さんのソ連での就職だった。それもモスクワ放送である。不安はなかったのだろうか。

妙子さんによると、中川さんは以前からソ連への留学を望んでいたそうだ。モスクワにあったルムンバ民族友好大学は1960年代まで日本からの留学生を受け入れており、そこで学んで帰国した人たちが身近にいた。そのロシア語はずばぬけて鮮やかに聞こえた。そんなロシア語を身につけたいのだと。それだけではなかった。

「ソ連の空気に身をさらしたいと思ったのでしょう。一般の人がどういう暮らしをしているのだろうとか、どういう環境でロシアの文化が生まれてきたのか。知りたかったのです。私もそうでした」

イデオロギーのことは気にしていなかったそうだ。ただ、当時の国鉄（現・ＪＲ）で最大の労組だった国労の北海道本部委員長を務めたことのある中川さんの父・秀夫《ひでお》さんは「ひも付きになるなよ」と息子に忠告したという。２年契約だったが、その間にソ連に借りを作ったり、何かで取り込まれたりするようなことはあってはならないということのようだ。ソ連という一筋縄ではいかない「隣人」の特質を、秀夫さんは組合活動などを通じて見て取っていたのだろう。

ソニーのトランジスタラジオに入ってきたモスクワ放送を、妙子さんはよく覚えている。夜の東京でもよく入るニッポン放送の近くの１２５１キロヘルツ。話を聞く筆者の目の前でインターバルシグナルの音楽を口ずさみながら、「政治的プロパガンダでしたよね。音楽も流していたけれど。アナウンサーの日本語がとてもうまかった」。懐かしそうにそんなことを言う。特に上手だったのは、ハバロフスク局のアナウンサー、朝倉勝江《あさくらかつえ》さんだった。

当時のハバロフスク局はモスクワ放送全体で毎日４時間の放送のうち、30分を受け持っていた。スタッフは10人程度。課長はソ連人で「ワロージャ」と呼ばれていたカルポフ氏だった。アナウンサーは３人。朝倉さんのほか、ソコロフさんと呼ばれた人、それに日本とロシア双方にルーツのある河野アーザさんだった。

翻訳員も３人で、「吉田《よしだ》さん」と呼ばれていたシベリア抑留者がいた。いわゆる民主運動にのめり込んだために、１９５６年の帰国の船には乗ることができなかったと噂されていた。この人は1980年にハバロフスクで死去した吉田明男《あきお》さんのことだと思われる。61年に始まったハバロフスクでの日本人墓参で、遺族らの案内に熱心に取り組んだエピソードが伝えられている。

他に、かつて日本領だった南樺太（サハリン）で終戦を迎えた後、帰国せずに残留した有江《ありえ》逸郎《いつろう》さん、中山雅之《なかやままさゆき》さんがいた。

中川さんは当初、単身で赴任した。仕事の様子を東京にいる妙子さんに手紙で伝えてきた。大学で勉強していたとはいえ、ロシア語を仕事で使うのは簡単なことではなかった。モスクワの本局から放送原稿の候補になるものが大量に送られてきて、手分けして翻訳した。放送されるのはその一部だったが、勤務時間中に全てを訳すことができず、自宅に持ち帰ることもあったという。

人間関係にも苦労した。1950年生まれの中川さんに対して、ほかの3人はいずれも1920年代生まれの大先輩だった。中でも吉田さんが厳しく、中川さんは訳し方を注意されることがよくあったという。

有江逸郎さんにはかわいがられたそうだ。集合写真に有江さんが写っている。長身でめがねをかけたその人は、穏やかな風貌をしている。当時、妻でアナウンサーの河野アーザさんと暮らしていた。家が決まらず、ソ連式ホテルで生活していた中川さんをよく家に誘ってくれて、食事を共にした。お返しに、有江さんの家でカレーを作ったことが妙子さんへの手紙に書かれていた。忙しい中でも、穏やかな時間があったのだろうか。

待遇はどうだったのか。「ぼく一人でロシア人夫婦2人を合わせたくらいだった」と書いてきたそうだ。ソ連の通貨は原則持ち出し禁止。だが、給料のうち80ルーブルを円に換金して送ることは認められていた。実態をまるで反映していない1ルーブル400円という公定レートで円に替えられ、家族に届いたのは3万2000円。1975年の日本の大卒初任給は8万9300円だった（労働省〈現・厚生労働省〉の「賃金構造基本統計調査」より）。

アムール川に没す

中川さんがハバロフスクに部屋を借り、一家3人で暮らすようになったのは、赴任から8カ月たった1976年4月だった。9階建てのアパートの4階。同じ階には4つの部屋があったが、そのうち1軒はコルホーズ（集団農場）議長一家、もう1軒はのちにハバロフスク市の幹部になる一家だった。中川さんの家を取り囲むようになっていた。しかも市幹部になる男性はときどき「鍵を忘れた」と言っては中川さんの家に上がり込み、玄関からゆったりと室内を見て回り、ベランダから自分の家に入っていった。手慣れた様子だった。妙子さんは後年、その人が市幹部として写真に写ったりしているのを見て、外国人の監視だったのだと気づいたそうだ。

買い物に困ることもあった。街なかの八百屋、肉屋といった生活必需品を売る商店には物がほとんどなく、少し離れた市場まで出かけて買い出しをしなければならなかった。

妙子さんにも放送局からアナウンサーとして声がかかった。だが、自分では気がつかないところで、出身地である中国地方のイントネーションが出てしまうようだった。朝倉さんから厳しい指導を受けたが、「見習い」のまま終わってしまったそうだ。

ハバロフスク生活は間もなく終わった。ストレスからなのか、中川公夫さんは「胃潰瘍の前段階」と診断され、契約の2年で帰国することになった。

中川さんは帰国後、語学力を生かし、共産圏を中心とする外国放送の分析機関「ラヂオプレス」などで働いた。放送を送り出す側から、それを聞き取る側に回ったのだ。ソ連との付き合いは続き、通訳や翻訳の仕事、さらにハバロフスクでのビジネスの話も舞い込んだ。

1988年7月、二つの国の間で新しい関係を築きつつあった人生は突然絶たれてしまう。そのとき日本とソ連の合弁会社設立のための合意書作成にハバロフスクを訪れていた中川さんは、ロシアの友人に誘われて深夜にアムール川に入ったまま帰ってこなかった。アムールはそのほとりに立っても対岸がよく見えないほど川幅が広く、水深も深い。のまれてしまえば人間はひとたまりもない。37歳だった。

遺体が上がった大河のほとりに、父・秀夫さんが小さな黒い石碑を建てた。日本語とロシア語でこう記された。

「ロシア語に精通し、日ソ友好のかけ橋としてつくした日本の翻訳家　中川公夫　１９８８年7月8日この地に没す　合掌」

遺志は70歳を前にした秀夫さんに受け継がれる。翌89年、日ソ合弁企業「アムールトレーディング」を設立。90年、ハバロフスクにラーメン店を開店した。いまでこそ、ラーメン店はモスクワなどにいくつもあるが、当時はソ連で初めてのラーメン店だと言われた。大当たりだった。現地の人たちが列をつくり、フォークを使って麺をすすった。91年には当時の市内では珍しかった本格的なレストランを開店する。法や制度、習慣、労働環境など、何もかもと言ってよいほど違うことだらけの中、日本とソ連のスタッフをまとめて困難な合弁事業を成功させる。中川さんの放送局時代の先輩だった有江逸郎さんが、秘書として秀夫さんを支えた。そうした経緯は、94年に出版された『シベリア・ラーメン物語』（野口均著）に描かれた。

だが会社は、97年に事実上倒産してしまう。再建途上で、ロシア人社長が理事会の許可のないまま1億円の借り入れをしていたことが発覚するなど、トラブルが続いた。

中川公夫さんの石碑はもうない。２００２年、秀夫さんの意向で石碑を船に乗せ、発見された場所に沈めた。その2年後、秀夫さんは84歳で亡くなった。

「死んだらアムール川にまいてくれ」

秀夫さんは妙子さんにかなり前から、そう伝えていた。妙子さんは遺志に沿って散骨した。面倒な許可など取らず、こっそりと。

無国籍を貫いた人たち

中川公夫さんより一世代上の有江逸郎さんたちがハバロフスクの放送局で働くようになったのは、日本敗戦の4年後の1949年だった。同じころ入った人たちに、中山雅之さん、それにのちに中山さんの妻になる朝倉勝江さんらがいた。彼らはパイオニアだった木村慶一さんや石坂幸子さんたちと入れ替わる形で入局した人たちだった。

南樺太の住民だった。ソ連に戦後占領され、ソ連のサハリン州になったこの地に残留していた。「サハリン組」と呼ばれた。日本に引き揚げる船に乗るチャンスをなんらかの事情で逃し、その後、日本政府の保護を受ける機会を得られなかった。

有江さんを晩年に取材した「共同通信」や「北海道新聞」の記事によると、1924年、南樺太の大泊《おおどまり》（現・サハリン州コルサコフ）生まれの有江さんは東京農業大学に進み、帰省中の45年に南樺太で日本の敗戦を迎えた。ソ連軍によって石鹸工場の分析室長に起用され、家族が帰国した後も残留。49年に大陸に渡ってハバロフスクに住んだ。運転手などをした後、放送局で翻訳員として働くようになったという。

放送局の業務経験のない有江さんがそのノルマをこなすのは、相当な困難が伴ったに違いない。先輩にしごかれ、訳文を真っ赤になるまで添削されたことを周囲に語っている。

有江さんは編集顧問として残り、1990年ごろまで放送局で働いた。89年にハバロフスク支局に来て翻訳員兼アナウンサーを務めた岡田和也《おかだかずや》さん（62）は、著書『雪とインク』で有江さんの仕事ぶりに触れている。

「国際的な組織や条約の名称はもちろん、政治や経済や科学から文化や芸術やスポーツに至るまでの幅広い分野の用語の正確な訳語が、玉手匣のようにぽんぽんと出てくる（中略）まさに生き字引きのような方でした」

ソ連としては戦争の後、自国領に組み込んだ旧南樺太で暮らす人々は自分たちの国民として扱った。有江さんや中山さんもソ連の社会に組み込まれた。だが、2人はソ連国籍を取得せず、パスポートのない「無国籍者」として生きた。ソ連市民ではないので移動の自由もなく、当局の監視の対象だった。極めて不安定で制約の多い生活だったはずだ。有江さんや中山さんについて報じた当時の新聞記事などを読むと、ソ連国籍を取るように周囲から説得されたことがうかがえる。それでも無国籍を貫いたのは、今は動くことができないが、いずれ日本に帰るチャンスを失いたくないという意志の表れだと考えられる。

なぜ残留したのだろうか。1993年4月に配信された「共同通信」のインタビューに答えた有江さんはこう答えている。「（サハリンで）働くうちに社会主義こそ平等な社会をつくれると思うようになった」「社会主義を広め、世界の非抑圧者を解放しようと決意した」のだと。

有江さんは放送局を退職後、先述したように、中川公夫さんの父・秀夫さんに強く請われ、ハバロフスクでレストラン事業を営む日ソ合弁会社で秘書として働いた。放送局時代の息子をかわいがってくれたことを知っている秀夫さんにとって、とても信頼できる人だったのだ。ソ連の事情、ソ連人の気質を知っている有江さんなしには事業は成り立たなかった。


その後、当地で亡くなったのだと私は思い込んでいた。川越史郎さんの手記「ソ連の対日マスメディアで活躍した日本人①」に伝聞ながらこうあったからだ。

「同僚の日本人やロシア人の勧めにもかかわらず、ハバロフスクにとどまって死を迎えたとのことである」

そうではなかった。

ソ連がロシアになった後の1993年、肺がんを患った有江さんは余命を知って、周囲の勧めで5月に帰国した。8月1日、札幌の病院で亡くなった。享年69。その1カ月前に日本国籍を回復したばかりだったという。死を報じた1993年8月3日付「北海道新聞」には、日本で死ぬことで満足していたことが書かれている。

サハリン生まれの長男オレグさんの到着を待って札幌で営まれた告別式は、盛大なものだったという。中川公夫さんの妻・妙子さんはこう振り返った。

「義父（秀夫さん）は有江さんに恩を感じていました。有江さんがいたからこそ、義父はいろんなこと（事業）ができたのです。日本で亡くなったことが一番よかったです」

東京の墓に眠る。ロシアにも分骨されたという。

「帰国の意向確認」にソ連側から抗議

中山雅之さんも望郷の思いを抱いていた。放送局で働いた後、ソ連の旅行会社で通訳として日本人の案内をしていたが、やはり無国籍を貫いていた。思いが叶ったのは１９７７年のこと。その前年に交流事業でハバロフスクを訪れた故郷・秋田県の知事を案内し、望郷の思いを訴え、知事がハバロフスク州幹部にかけあって、３カ月の一時帰国が実現する。

１９７７年４月２日の「毎日新聞」朝刊には、列車に乗って故郷に向かう中山さんの写真が掲載されている。これから故郷に向かうというのに、さびしそうな表情だ。先述の岡田和也さんによると、中山さんは１９８７年に亡くなったという。

「ちょうど入局する前で、お会いできなかった」

有江さん、中山さんらがハバロフスクの放送局に勤務していることを、日本政府は把握していた。当時の厚生省が１９５０年代に作成したとみられるソ連残留者の名簿が、残留者の支援に当たってきた「日本サハリン協会」に残っている。その中に、２人の名前とともに、住所地としてハバロフスクの放送局の所在地が書かれている。外務省は日ソ国交回復後の１９５９年前後に、ソ連に居住する日本人のうち住所地が分かっている人に手紙を送り、帰国の意向を確かめようと試みた。それが理由になって、ソ連側から抗議を受けていたことが、公開された外交文書に記録されている。１９５９年にサハリンに残留した民間人を帰国させる最後の船が出た後、ソ連崩壊までの間、本格的に残留者の帰国を促す動きはみられない。

二つの国家はどちらも頼りにならなかった。それでも彼らは二つの国のはざまで懸命に生きたのだ。

第７章 伝説の学校「Ｍ」

「露日辞典」の陰の編集者

ソ連時代の１９６４年にモスクワで『露日辞典』が発行された。当地の学者ザルービン、ロジェーツキン両氏編によるこの辞典は、見出し語約４万２０００。辞典を日本に輸入販売していた「ナウカ出版」で働いていて、ザルービン博士と会ったこともある宮本立江《みやもとたつえ》さん（79）は、あるロシア語の例文に「さめざめと泣く」という日本語訳が付けてあるのを読んで、感心したのを覚えている。

ネイティブの日本語話者でなければ、とうてい生み出せない表現である。それを支えたのがモスクワ放送アナウンサーの清田彰さんであり、東一夫さん（1919〜2005年）であったと言われている。

東さんは清田さんと違い、シベリア抑留者ではない。第二次世界大戦が終わる前にソ連に渡っている。

日ソ関係が極めて不安定な時代に日本人がどうやってソ連に入り、生きていくことができたのか。宮本さんによると、『露日辞典』を編んだザルービン博士は東さんのことを「日本語（の運用）がよくできる人」と評して頼りにしていたそうだが、東さんは編集作業の途上でソ連を去り、日本に帰国している。なぜか。

私が東一夫さんのことを知ったのは2009年のことだった。本人はその4年前に他界していて会うことはできなかったが、その人の作った学校に通うことになったのだ。

その年の春から、私は会社の内部監査部門で働いていた。経営上、非効率な事業、不祥事について調査するのが仕事だった。面倒な仕事ではあったが、記者の仕事とは180度違い、午後6時台に仕事を切り上げることができた。夜の時間をどう使うべきか。小さな子どもを抱えて家事をしなければならないのは分かっていたのだが、何かをしたかった。40代にさしかかっていて、挫折続きの中、語学を身につけるなら最後のチャンスではあった。それまで細々とだが取材を続けていた「シベリア抑留」をソ連側の資料を読んで解明するためにも、ロシア語が必要だと考えていた。

気になっている学校があった。２００１～02年度にＮＨＫテレビ「ロシア語会話」の講師をしていた黒田龍之助《くろだりゅうのすけ》さんが著書『その他の外国語　役に立たない語学のはなし』の中で、その学校のことをロシア語の「基本を身につけた」ところであると明かしていた。少人数制の厳しい指導ぶりがつづられていた。ここならできるようになるのではないか。直感的に思った。それ以上に惹かれたのは、代々木駅前の古い雑居ビルにあるという学校の様子や、経営者夫妻の個性をつづったくだりだった。学校名はなく、「代々木のＭ」と記していた。

「Ｍ」ってなんだろう。グーグルに「ロシア語　学校　代々木」などと入れてみたら、それらしい、頭文字がＭの学校が表示された。住所と電話番号が出てくるが、ホームページはなかった。いきなり電話するのも気が引けて、ある日の夕方、ネットで当たった住所に行ってみたが、そこはマンションの一室だった。黒田さんが書いているような雑居ビルとは違う。ここは教室ではないと思った。後で分かったのは、教室には電話を引いておらず、経営者の自宅を連絡先にしていてそこを訪ねた、ということのようだった。

残された手段は電話だ。しかし、かけてみるも呼び出し音が鳴るばかりで、なかなかつながらなかった。ある日、夕方時だったと思う。ようやく女性の声が電話に出てくれた。少し低くて、張りがある中年以上の人の声だと感じた。愛想はあまりよくない。なんだかこちらの様子をうかがっているようだ。「そちらで勉強したい」と申し出ると、いきなり「スコリカ　バム　リエット?」といきなりロシア語が飛んできた。「あなたはおいくつですか?」と質問してきたのだ。いちおう答えられたつもりだが、「じゃあ土曜日に来られる?」と言った。それは最も低いレベルのクラスだった。さっきのは口頭試問だったのだ。答えはたぶん合っていたけれど、発音を聞いて「初歩から鍛えなければならない」と判断したらしい。

電話に出たのは、学校の創業者の妻の東多喜子《たきこ》さんだった。当時は経営者兼講師で71歳くらい。呼吸器系の持病があるような話はされていたが、いつも姿勢がよくて声もよく通り、全く年齢を感じさせなかった。子どものこと、仕事のこと……、私に対して結構ずけずけとお尋ねになる。「奥さんと5つも離れているの」といった調子だ。先生のところはもっと離れているのでは?　と思ったけれど、勢いに押されて突っ込み返せなかった。

母と同じ1937年生まれのせいか、息子になった気分だった。反対に、自分のご家族のこと、暮らしぶりは全くと言ってよいほど語らなかった。講師陣はほかに通訳者の香取潤《かとりじゅん》先生と、ネイティブスピーカーの原《はら》ダリア先生がいた。

「ハラショー」と言われるまで何度でも

その学校、「ミール・ロシア語研究所」の教室は、代々木駅の予備校などがある西口とは反対側の東口。ひっそりとした改札を出た真ん前の4階建ての雑居ビル「平和ビル」の3階にあった。「ミール」はロシア語で「平和」の意味だが、平和ビルにあるのは偶然らしく、もちろん自社ビルではなかった。優に築半世紀以上はたったビルで、当時は他に消費者金融の会社などが入っていた。入り口には「ミール・ロシア語研究所」と書かれた金色のプレートがついていて、文字がはげかけていた。木の扉をがちゃがちゃ鳴らしながら開けなければならなかった。

隣り合った2部屋を間借りして教室にしていた。どちらも8畳くらい。黒板と教卓を取り囲むように、細長い赤いテーブルをコの字型に並べてあった。黒田さんが「ラーメン屋みたいですね」と言ったら、多喜子さんは怒っていたそうだ。壁にはロシア語で書かれた旧ソ連諸国の地図と、風景画が飾ってあった。擦りガラスの窓を開けるのも少し苦労したし、線路脇にあるので開けたらガタガタと電車の音が聞こえてくる環境だった。

その日から仕事と家事の時間以外、ロシア語漬けの日々が始まった。週2回の授業に出るための準備が大変だった。多喜子さんは「毎日2時間勉強しなさい」とこともなげにおっしゃる。そんなのとても無理だ。生徒は誰もが思った。私も仕事と育児を抱えていた。毎日1時間勉強するのだって大変だ。それでも空いた時間があるたびに、東夫妻の共著『標準ロシア語入門』や初級会話本の『ガバリーチェ・パルースキ（ロシア語を話しましょう）』（著者の名前を取って、「ハブローニナ」と呼ばれていた）を開き、朝晩、例文を書き写してはひたすら覚えた。電車の中では、録音した例文を聞き続けた。普通の本を読む暇もないほどだった。

宣伝はしていないのに、生徒が集まってきていた。評判を聞いたり、紹介されたり、黒田さんの本を読んだり。生徒は能力別にいくつかの段階に分かれていて、計30〜40人くらいだったろうか。特徴は30〜40代が中心という年齢層の高さだった。大学でロシア語やロシア文学を専攻した人、私のようなメディア関係者、公安関係者、さらに防衛省・自衛隊関係者もいた。旧ソ連に防衛駐在官として赴任する前に、語学を速習することが求められていた人たちだ。

厳しかった。黒田さんが東一夫さんに習っていたときの描写そのままだった。違っていたとすれば、かつては正しい発音ができないと口の中に手を突っ込まれて矯正されたと書いてあるけれど、さすがに今はそこまではしないとのことだった。だが、正しく発音ができて、多喜子さんが「ハラショー（いいでしょう）」と言うまで、何度でも繰り返して発音し続けなければならなかったし、予告された範囲の例文やテキストを暗記して出席することが求められた。

仕事を終えて、学校に向かう電車の中ではずっとテキストや教科書にかじりついた。代々木駅の改札を出ると、チェーンの喫茶店やハンバーガー店に入って、少しでも暗記できるようにノートやメモ用紙に例文を何度も書き写した。店を見渡すと、同じことをしている級友を見かけることもあった。

授業はカセットテープの音の後について例文やテキストを朗読する練習を繰り返した後、一人ずつ指名されて、先生の言う日本文に対応するロシア文を答えなければならなかった。できないと多喜子さんは、心からがっかりした態度を見せる。一つのクラスは7人前後の生徒しかいなかったから、１時間半の授業中何度も当てられる。仕事が忙しかったり、学校の試験があったりして来ない人がいると、当たる頻度は増していく。指先や脇の下から汗がしたたり落ちる。午後７時50分からの90分授業はとてつもなく長く、もうすぐ終わりかと時計に目をやると、まだ８時半にもなっていないことがしばしばだった。

つらかったのは、半年後にあった「予科（かつては「入門科」もあったが、統合されたようだ）」と呼ばれた初級を卒業するための試験だ。まず、Ｂ４判白紙の藁半紙が配られる。問題は全部で20問。例文の和文露訳だ。先生が日本文を読み上げ、それを書き取っていく。試験範囲は東夫妻がつくった教科書『標準ロシア語入門』の全例文だ。試験の時点でテキストの全43課のうち、37課か38課までしか進んでいなかったので、当然そこまでから出題されると勝手に考えていたが、甘かった。思わずうめき声を上げる。書けない問題がいくつか出てしまった。それでも「６割取れれば合格です」と多喜子さんは言う。12問できていればよいということだ。部分点ももらえるだろうと解釈していたから、大丈夫ではないかと楽観していた。ところが、その予想はあっけなく打ち砕かれた。返ってきた答案を見て目を疑った。マルは４つくらい。単語のつづりや変化形はもちろん、力点（アクセント）やカンマの位置まで完璧にできていて、ようやくマルなのだ。一文の中のどこかに欠陥があれば無得点。あえなく落第だった。

次の試験でようやく予科を卒業したが、進んだ本科の授業はネイティブの原ダリアさんがすべてロシア語で授業をする。授業についていけないどころか、宿題の中身が聞き取れず、違う内容を予習してくるという失態を重ねた。

それが2011年春、東日本大震災の後に記者生活に戻るまで2年間続いた。振り返ってみると、勉強するのがこんなに楽しいと思ったのは初めてだった。少しずつだけれど、確実に力が付くことが実感できたからだ。

なぜロシア語か。挫折し、再び這い上がり、そしてまた挫折するたびに考えた。ペレストロイカの時代に学生時代を過ごした者として、ソ連・ロシアの異質さに惹かれていた。隣の国でありながら、その秘密主義のために分からないことが多く、隠されたものを少しでも知りたかった。西側から見て「悪」とされているけれど、その図式を単純に信じるわけにはいかないという思いもあった。

記者に戻ると、さすがに学校通いは続けられなくなった。でも、学校のことはずっと気になっていた。

2年後の2013年、東多喜子さんが学校を閉じることを決断したと別の先生からの連絡で知った。ショックだった。その気持ちは横において、このことは記録にとどめておかなければならないと思った。東京都内にはかつて、いくつかロシア語を専門に教える学校があった。御茶の水の正教会・ニコライ堂にあった「ニコライ学院」、中野にあった「マヤコフスキー学院」

はすでになく、ミールが消えれば、伝統校で残るのは世田谷区経堂《きょうどう》の「東京ロシア語学院（旧・日ソ学院）」だけになるはずだ。ロシア語学習者の減少という事情も加味すれば、一定のニュース性があるのではないかと考えた。

黒田龍之助さんのコメントをいただいて、都内に配られる地域面に短い記事を書いた。

◆

都内でも数少ないロシア語専門の学校の一つ「ミール・ロシア語研究所」（渋谷区千駄ケ谷5）が、55年の歴史を終える。発音を中心に基礎を徹底的に指導し、個人経営で生徒が数十人程度の小規模校ながら大学教員、通訳、大使館員らを多数輩出した。しかし、亡夫の後を継いだ経営者の東多喜子さんが今年76歳になり「心身ともに限界。潮時」と閉校を決めた。

出身者らによると、ロシア語で「平和」「世界」の意の「ミール」は、翻訳者の東一夫さんが1958年に都内で開校。まもなく、JR代々木駅東口の雑居ビルの2室に移り、多喜子さんや教え子らが講師を務めた。一夫さんは、05年に死去した。

厳しい指導で知られ、宣伝をほとんどしなくても口コミで生徒が集まった。レベルごとに1クラス7人前後で構成。週2回の授業では、一人一人にテキストを読ませて発音を矯正した後、決められた範囲の露文を暗記してきたかチェックする方式がとられた。

ミールに学んだ後、20年以上講師を務めた通訳者の香取潤さん（47）は「多喜子先生から『（ロシア語の）音を作る』指導をするよう口を酸っぱくして言われた」と振り返る。高校3年からミールに通ったNHKラジオロシア語講座講師の黒田龍之助さん（48）も「外国語の勉強の仕方をここで学んだ。建て付けが悪く、薄暗い教室で同じやり方を続け、ここだけ時が止まったようだったが、永遠ではなかった。太鼓判を押して勧められるロシア語の学校がなくなった」と惜しむ。

欧米や中国、韓国語に比べて学習者が少ないロシア語だが、50年間講師を務めた多喜子さんは「今後も隣国だから重要言語であり続ける」と学習を勧める。東夫妻の共著で入門クラスのテキストでもある「標準ロシア語入門」（白水社）は、「71年の刊行以来、改訂版を含め4万部発行された当社の語学書で指折りのロングセラー」（担当者）だ。

同書にはこんな例文もある。「すべての国でロシア語を学んでいる人の数がふえています」

（「毎日新聞」2013年4月2日都内面）

◆

記事を出す際に「必ず多喜子先生の許可を取ってください」と黒田さんから念を押された。逡巡した末に電話をかけてお願いをしたが、どうやって多喜子さんを説得したのか、細かいところは覚えていない。検閲はされなかった。

創立者である東一夫さんが学校設立までに何をしていたのか、どのようにして設立に至ったのかといった点は記事に書き込めなかった。

教えてもらえなかった過去

同じような苦労をされたのが、学校の歴史をまとめた冊子『生徒の文集　ミール・ロシア語研究所55年の軌跡』（２０１３年）を編集された先輩方だった。議論の末、前史を省いたそうだ。

多喜子さんの夫であり、ミールを創設した東一夫さんは先述のようにソ連からの帰国者だ。大柄で、いつもたばこを手放せず、教室に紫煙が絶えることがなかったという。ソ連にいたこと自体は隠していたわけではなく、「娯楽のない国だからたばこがやめられなかった」と冗談とも本気ともつかないような話をしていたそうだ。

だが、いつどうやってソ連に行ったのか、なぜ帰ってきたのか、学校を開くまで何をしていたのか。そういった本質的な話は、ほとんど口にしなかったようだ。

日本に帰ってきた後に結婚した18歳年下の多喜子さんも、亡き夫のことについて語ることは少なかった。たまに口にするときは、決まって名前ではなく、「プリパダバーチェリ（先生）」と呼んでいた。ソ連時代のプリパダバーチェリの活動について、わずかに語ったのは、ザルービン博士らが編纂《へんさん》した『露日辞典』の仕事に携わっていたことだった。辞典に「アズマ」の名は見当たらないが、それは夫にとっての誇るべき業績なのだと多喜子さんが考えていることが理解できた。

1970年ごろの入学案内の冊子にはこうある。

「【所長　東一夫略歴】在ソ十七年。ロシア文学、ロシア語専攻、約五年間モスクワにてザルービン、ロゼツキン両教授と露日辞典の編さんに従ったが、帰国のため共著者を辞退。一九五八年一月帰国以来ロシア語教育に従事し現在にいたる」

いきなり「在ソ十七年」。なぜソ連にいたのか。どこの大学でロシア語を学んだのか、というような普通の経歴情報が欠落している。私は普通の日本人とはまるで違う、と宣言しているみたいだ。帰国が1958年だというから、17年を引くと、日米開戦の年の1941年ごろにソ連に渡ったことになる。そんな時代にソ連に渡って生活するとは、いったいどんな事情があったのか。想像もできないことだった。

ソ連の公文書に「シミズ」

経歴をソ連の公文書で調べた人が現れた。元「ロシアの声」アナウンサーで、放送局の先人たちについて調べている、先述の法政大学講師の島田顕さんだ。

島田さんはロシア国立社会政治史文書館（ＲＧＡＳＰＩ）で「東一夫」名の個人ファイルを

調査し、2015年に論文を発表した。それによると、東さんは1940年から満洲の関東軍や南樺太（サハリン）の部隊で軍務に服していたが、「軍務の難しさと、日本における帝国主義体制の存在に対する不満」から1941年6月に南樺太から国境を渡った。1940年2月にいったん越境を図って失敗し、2回目の試みで成功した。越境は有名な岡田嘉子さん、杉本良吉さんと同じ方法のようだ。彼らがソ連当局に拘束されて、取り調べを受けたのと同様に、東さんにもスパイの疑いがかけられたが、43年に釈放。国営タス通信のハバロフスク支局の報告者・調査員、ソ連がサハリンで残留日本人向けに発行していた新聞「新生命」編集部、モスクワ放送ハバロフスク支局を経て、47年7月にモスクワに転勤してモスクワ放送日本課で働いた。49年には結核による健康状態の悪化で療養生活を送るようになった。57年3月に帰国嘆願書を出し、認められて出国したことになっている。

モスクワ放送ハバロフスク支局で働いた経験のある木村慶一さんの手記『モスクワ・日本・ハバロフスク』にも、東さんのことが書かれている。ハバロフスク時代の同僚だったようだ。「東和夫」と漢字の表記は違うが、「非常に優れた翻訳者」だと評価している。ハバロフスクからモスクワに移っていくとき、「顔には情熱が感ぜられなかつた。悩み疲れているらしい」と気になる記述もある。

モスクワでは「プラウダ」「イズベスチア」「クラスナヤ・ズベズダ（赤い星）」など新聞の主要記事を翻訳し、それをアナウンサーの岡田嘉子さんが日本時間の午後9時半から30分間

「きょうのソヴェット各紙から」として紹介していたという。

全面的に信用してよいのかは分からないが、ソ連の公文書と木村さんの著書の間には目立った矛盾は見られなかった。

島田さんが見つけたソ連当局の記録には、注目すべき点がいくつもあった。たとえば、本名は「シミズ」で、「東一夫」はソ連に渡った後で名乗った名であるということだった。ムヘンシャンもそうだが、当時のソ連では本名を隠して生きることは少なくなかったという。

疑問は残った。東一夫さんは日本に帰国後、東姓を名乗っている。元はシミズ姓だとして、どうやって改姓したのだろうか。また、57年にソ連を出国したことになっているが、ミールの先輩方が把握している帰国年は58年である。いずれも日ソ国交正常化後であるが、どちらが正しいのだろうか。

さらに島田さんも指摘していたことだが、モスクワ放送で働いていて、帰国後に学校を開くほどのロシア語の達人であったのであれば、目立った存在であったはず。なぜ岡田さん、清田さん、川越さんら同時期に働いた人の手記に東さんの名前が出てこないのだろうか。分からないことだらけだった。

島田さんが論文の内容を発表する研究会が2016年にあり、そこで記録映画のプロデューサーとして活動した郡司良《ぐんじりょう》さん（1929年生まれ）と顔を合わせた。ロシア文学者の井上満さん（1959年死去）の住み込みの弟子だった人だ。そのとき80代半ばだった郡司さんは、東さんのことを知っていると教えてくれ、「シミズ君と呼ばれていた」と重要な事実をあっさりと明かしてくれた。びっくりしたせいか、立ち話だったせいか、その場では突っ込んで聞けなかった。

論文が出た後の多喜子さんの反応が気になった。読んだだろうか。読んだとして、何か言ってくるのだろうかと。論文はウェブで検索すれば、簡単にダウンロードできるようになっていた。だが、多喜子さんは年齢を差し引いても、かなりのアナログ人間だ。教室でもCDプレーヤーをほとんど使わず、ラジカセとカセットテープを愛用していた。カセットの調子が悪くて、やむを得ずCDを回すときには、決まって不機嫌になった。そんな人が検索エンジンで「東一夫」とエゴサーチするようなことがあるだろうか？　だが、自分で直接調べるようなことはなくても、誰かがご注進することだって考えられた。

悩ましい気分を抱えたまま、多喜子さんと顔を合わせる機会がその後2回あった。1度目は私が取材の縁で関係を持った元生徒で、ハバロフスクに住んでいる高齢の男性が日本に来て、「多喜子さんにぜひ会いたいので、仲介してほしい」と言い出したのだ。世話になったこともあって断り切れず、電話をかけたら、あっさりと出て来てくれた。2度目は2017年頃だったか。六本木のバーのようなところで軽い食事をした。でも、論文のことも、東一夫さんのことも、話題にすることができずに終わってしまった。

本当のことを知りたい。ミールの歴史を全て知るには、二人三脚で学校を営んできた多喜子さんに話していただくほかに手段はない。しかし、多喜子さんにいきなりお願いしても、絶対に教えてはくれないだろう。それは先輩方の何人かから忠告された。説得するには何か材料が必要だと思った。しかも仮に聞き出せたところで、東一夫さんは特に有名人でもなんでもない。越境が事実だとしても、ニュースとして取り上げるには、何か付加価値が必要だろう。機会が到来するのを待って、一気に説得しなければと思った。

心の中に、多喜子さんは私の母と同じ歳だという油断があった。幸い、母はここのところ大きな病気をしておらず、しばらく大丈夫そうに思えていた。なんの根拠にもならないのだが、多喜子さんも元気でいてくれるはずだと思ってしまったのだ。

そうこうするうちに新型コロナウイルスの流行が始まり、簡単には接触しにくくなってしまった。

本当の名は

日常の仕事に追われる中で、たまに思い出すだけになってきてしまった。ただ、待つ間に一つだけ進展があった。2022年1月、東京・麻布台《あざぶだい》の外交史料館に出かけたときのことだ。

別の仕事で、ソ連から日本へ引き揚げた人たちの記録を調べていた。

外務省が作成した「第15次ソ連引揚」の報告書のマイクロフィルムのロールを何気なく回して読んでいた。国交が回復して1年3カ月後の１９５８年1月、主にサハリンの日本人残留者が、現地の朝鮮人の配偶者や子どもを連れて引き揚げてきた船だった。サハリンの真岡《まおか》港から京都府の舞鶴に向かう船に乗った引き揚げ者は５４９人。サハリンから５４８人、ソ連本土から一人とあった。ソ連本土からの一人とは？　それが気になって読んでいると、こんな記述が目に飛び込んだ。

「今次帰国者中には、昭和十六年徴兵検査を受け、入隊が決定された後、樺太からソ連に越境入国した清水長一（東長一とも云う）が入っているが、同人の入ソの理由は当時の日本軍国主義忌避にある由（厚生省調べ）で、入ソ後はハバロフスクのタス通信に関係、その後モスクワで日ソ辞典の編集（約五万語）に従事、次いでハバロフスク及び豊原のタス通信に関係、更にモスクワに帰り法眼《ほうげん》参事官（当時）訪ソの際、日本帰国を嘆願、今回帰国に至ったもので、帰国後は井上満氏を頼っていきたいと述べていた」

飛び上がりそうになるほど驚いた。やはり「清水」だったのだ。外務省の記録にある生年月日も、「生徒の文集」に書かれた東一夫さんと一致していた。「一夫」とは書いていないが、「東長一とも云う」とあるのが決定的だ。落ち着き先がロシア文学者の井上満さん宅となっているいることも、これまで知っている東一夫さんの経歴と齟齬《そご》がなかった。帰国の時期も「学校の入学案内の略歴」と同じ1958年1月で、ソ連に渡った時期にも矛盾がない。『日ソ辞典』は書名としてはおかしいが、係官が『露日辞典』を聞き間違えたとすれば不自然ではない。「法眼参事官」というのは、第二次世界大戦中にモスクワの日本大使館に勤務し、戦後も対ソ外交の実務者だった法眼晋作《しんさく》・元外務事務次官（1999年死去）のことだと考えられた。法眼さんは手記を残しているが、残念ながらこの時期の出来事に関して触れた記述は見当たらなかった。

2022年秋、私はモスクワからの日本語放送開始80周年のイベントを取材に行き、それを基に新聞記事にまとめようと、登壇した人、関係する人に少しずつ話を聞いていた。記事の中に東一夫さんのことを盛り込めるかもしれないと漠然と考えるようになった。ところが、意気地のない私は、なかなか多喜子さんの元に向かう勇気が湧かなかった。ほかの登場人物の発言や行動について、調べて間違いなく書くだけで、手いっぱいになっていた。もしすぐに多喜子さんに会えても、説得するには時間がかかるだろうなと思うと、締切が迫る中で二の足を踏んでしまったのだ。

腰を上げたのは、年が明けた2023年1月。記事の掲載が済み、できたら続報的な記事がつくれないかと思ってからだ。多喜子さんに手紙を書き、新聞記事を同封した。モスクワ放送で働いてきた人々について知り得たことをありのままに書いた記事を読んでくれれば、もしかしたら取材に答えてくれるかもしれないと淡い期待を抱いた。

反発されるかもしれないと思ったが、外交史料館で入手した資料のコピーも封筒の中に入れた。「清水長二」と書いてある「第15次ソ連引揚」の報告書は、辞典の編集にあたったことに触れていた。それは、東一夫さんを歴史に残すのは意義のあることだと説得するために、極めて重要な要素だと考えたからだ。

遅すぎたこと

多喜子さんについて、「代々木から転居して、埼玉県の高齢者施設に入ったのではないか」と教えてくれる人がいた。施設の所在地は未確認とのことで分からなかったが、郵便を出せばそこに転送されるだろう。1月中旬、「レターパック」で投函した手紙は、推測した通りに代々木から埼玉県内に転送されて届けられたことが記録で分かった。会ってお願いをしたい。祈るような気持ちで反応を待った。

それとは別に、東一夫さんの墓を訪ねておきたいと思った。今後、何か書くのなら少しでも手がかりが欲しかったし、墓地に行ってあいさつすることで気持ちの整理をしたかったからだ。墓参したことのある先輩に頼んで、東京・府中《ふちゅう》にある多磨霊園の中の詳しい位置を教えてもらった。

1月下旬。数日前に寒波が来て、都内でも雪が舞った。午前中に仕事が入らなかったその日、多磨霊園に初めて入った。寒さが和らぎ、日差しが体を温めてくれた。正門からメインストリートを進むと、右手に鳥居とともに明治末期に首相を務めた西園寺公望《さいおんじきんもち》の大きな墓がある。その先を右に入ったあたりをぐるぐる回って探すと、背が低くて正面から見て正方形のように見える、特徴のある墓石があった。「東」と一文字が刻まれていた。左右のわきには、平和のシンボルの2羽の鳩がオリーブをくわえるデザインのマークが彫られている。見覚えがあった。「ミール・ロシア語研究所」のシンボルマークだ。

1959年1月発行のロシア語学習雑誌「ミール」創刊号の表紙に登場したもので、舞台美術家の朝倉摂《あさくらせつ》さんの作品だと伝えられている。家紋の代わりに彫ったのだろうか。しゃれていると思った。

花が大量に供えてあったが、古く、枯れていて、かすかに小さな藤色の花だけが元の色を残していた。しばらく前に、関係の近い人が参ったのだなと思った。

裏に回って墓誌を見た瞬間、息をのんだ。真新しく「東多喜子」と刻まれていた。しばらくその白い文字の意味が理解できなかった。「令和四年十月二十三日」とある。3カ月前のことだと気付くのに、さらに時間がかかった。多喜子さんは亡くなってしまったのだ。枯れた花は、親族がお骨を納めるときに供えられたものなのではないか。当たり前のことにやっと気付いた。

遅かった。手を合わせるのも忘れて立ち尽くしていた。知らないうちに長い時間がたっていた。私にできることは、枯れた花を取り替えることくらいだった。金属製の花瓶の水をあけると、ここ数日の寒さで、中の濁った水が凍っていた。凍える手で、赤や黄の新しい花を少しだけ供えた。

よく通る声で不勉強をたしなめられたこと、先生の年齢を感じさせない整った顔が少しだけ頭の中に浮かんできた。しばらくすると、代々木駅前の古いビルの中の昭和そのままの教室の風景や、カセットテープを入れたラジカセのことも思い出すことができた。

落ち着いて、もう一度墓誌を確かめた。一番右は清水姓の名が書かれていた。１９７３年に亡くなっていた。２人目は東一夫さん、２００５年死去。その隣が多喜子先生だった。

一番右は、島田顕さんが見つけたロシアの公文書に出てくる東一夫さんの父親の名前と同じだった。父と息子が同じ墓に入っている。一人は清水で、一人は東。何かがあったのか、帰ってきた後、清水とは名乗れない事情があったのだろうか？

こんなことを調べていいのか。書いてもいいのか。頭がぐらぐらしてきた。気を取り直して、その日の午後、ミールの先輩方に「多喜子先生が亡くなっておられるようです」と連絡した。

望郷の念切なるものを覚え

諦めきれなくなって、もう少し調べてみることにした。

先述した郡司良さんに会ってもらうことができた。1929年10月生まれ。65年前に東一夫さんと知り合ったという。2023年2月下旬の午後、自宅に近い川崎市の小田急線新百合ヶ《しんゆりが》丘《おか》駅でにこやかに出迎えてくれた。つえをついているが、背筋が伸びていて、ジャンパーにジーンズがよく似合う。93歳とは思えなかった。自宅から15分くらい離れた駅まで、歩いてきたのだという。話しぶりもしっかりされている。

郡司さんは早稲田大学を出て、東京で日本共産党系の平和活動をしていた1955年ごろ、ロシア文学者の井上満さんと知り合った。

「ふらふらしている私を見て、『布団を担いでウチに来い』と言われたのです」

東京・代々木上原の住宅街にあった井上さんの一軒家で住み込みの書生のようになった。井上家は、養子だったのぞみさんを幼いうちに亡くしていて、子どもがいなかった。近所の人たちから「井上さんのところの坊っちゃん」と言われるようになった。

井上さんは当時の日本で指折りのロシア語使いだった。1930年代には東京のソ連大使館に勤務し、二・二六事件の後には、そのとばっちりでスパイだと疑われ、当時の軍機保護法違反で実刑判決を受けた。戦後も公安当局にマークされていたようだ。郡司さんによると、井上さんは届いた手紙は読んだ後に焼却する習慣があったという。

そんな井上さんが当時、モスクワにいた東さんと手紙のやりとりをしていた。東さんからソ連の文学書が郵便で届くことがあった。そのお返しに日本の文学書を梱包し、丸の内や大手町の郵便局からモスクワの東さんに送っていたが、使い走りをしていたのが書生の郡司さんだった。

「先生は1955年夏にヘルシンキであった世界平和愛好者大会に日本代表の一人として参加。その帰りに陸路、中国まで戻ったところをソ連に呼び戻され、シベリア鉄道でモスクワに向かった。9月中旬、モスクワのホテルに滞在していたところ、東さんが訪ねてきたそうです」

それをきっかけに井上さんはモスクワ滞在中、東さんの自宅を訪ねたようだ。

東さんが井上さんの追悼文集「折蛾（オリガ）」（1963年）に書いている。

「先生はわたしの行く末を案じて、当時ゴーリキー通り（編注：現・トヴェルスカヤ通り）にあったわたしのアパートで、まる二晩もいろいろ御教示下さいました」

2人がモスクワで出会ったのは、日ソの国交が回復する1年前。ハバロフスクなどには、まだ「戦犯」として抑留されている日本人がいた時代のことだ。「行く末を案じて」という文面からは、東さんが日本に帰るための算段をしたのだろうかと思われるが、すぐに実現するようなものではなかったのだろう。

さらに56年2月1日付で東一夫さんが日本国外務大臣宛てに送った「願書」が外務省の公開する外交文書の中に見つかった。「1941年6月にソヴェト同盟へ亡命した者」だと名乗り、「戦後の日本民主化の情勢にかんがみ、また望郷の念切なるものを覚え、今回、帰国の手続きをとろうと思いました」と記している。どうやって送ったのだろうか。

帰国の手続きをとろうとしたら、「日本国のパスポートまたは証明書がないという理由で、思いがけなくもソヴェト当局からヴィザ（出国許可証）の下付を拒絶されました」と日本政府に帰国への尽力を求めている。

モスクワの住所や、北海道士別町（現・士別市）の本籍地、父親の氏名、生年月日などこれまで明らかになったものと一致する情報が書き込まれている。注目すべきなのは本人の氏名だ。「（ソヴェト名）東一夫」「（本名）清水長二」と併記している。

願書には「ほぼ一年後に日本へ帰国いたしたいと存じます」「帰国後には東京都内に常住いたしたいと考えております」とある。井上満さんとの付き合いを念頭に、かなり計画的に帰国の機会を探っていたことがうかがわれる。

前述の島田顕さんによると、翌57年3月6日付でソ連閣僚会議議長宛てに提出した帰国嘆願書も残っており、その10カ月後に引き揚げ船に乗っていることからすると、順調とは行かなかったものの、計画は実行に移されたとみてよさそうだ。

2人の居候

郡司さんが東さんに会ったのは1958年1月末か2月初めのことだ。東さんは引き揚げ船・白山丸で1月27日に京都の舞鶴港に入っていた。その後、東さんから井上さん宅に連絡があったのだろう。

「井上先生が『迎えに行こう』と言い、品川駅に向かったのです。列車の窓越しに東さんがこちらを見ていたのを覚えています」

東さんはそのとき38歳。どんな格好をしていたのか、どうやって井上家にやって来たのかなどは思い出せないという。

東さんも井上家に住むことになった。平屋建て瓦ぶきの日本家屋で5部屋ほどあったという井上家は、2人の居候を抱えることになった。郡司さんは台所のそばの部屋に住み、東さんは書斎を占領した。「ミール・ロシア語研究所」のマークを作ったと言われている舞台美術家の朝倉摂さんが井上家の近所に住んでいて、家を訪ねたこともあったという。

井上さんは東さんのために、共同で「日ソ文化通信社」を設立。その年の3月に東さんは「日ソ文化通信」という週刊の雑誌を創刊する。郡司さんによると、井上さんは創刊に賛成しなかったが、東さんが見切り発車したようだ。日本で手に入るソ連の新聞「プラウダ」「イズベスチア」「文学新聞」などから、東さんが記事を選んで翻訳し、要約を載せていたというが、現物は見つかっていない。

「A4判を横にしたサイズの雑誌だった。行き当たりばったりで出した雑誌だから販路もなく、5号まで行かなかったのではないか」

日ソ文化通信社をつぶした東さんは井上さんの追悼文集に寄稿し、反省を記している。

「精神的にも、金銭的にも迷惑をかけた」

東さんはなぜ短い期間で無理に雑誌を出そうとしたのか。島田さんが発見したソ連出国のために当局に出した嘆願書には、ソ連の文化を日本に伝える役割を果たすことを強調していた。東京のソ連大使館に向けて、嘆願書の内容を実行してみせることが必要だったのだろうか。ただし、すぐにつぶれたところを見ると、ソ連側から資金が出ていたわけではないのだろう。

居候同士で雑談をすることがあった。「本名は清水だ」と東さんが漏らしたのを聞いたことがある。話題は東さんがソ連に渡った方法にも及んだ。郡司さんは「どうやってソ連に行ったのですか」と聞いてみたそうだ。答えは「岡田嘉子さんと同じ方法で、樺太の国境を越えたのだ」。ソ連・日本両国の公文書にある通りのことを郡司さんにも説明していたようだ。しかし、なぜソ連に行こうとしたのか。理由は言わなかったという。

岡田嘉子さんと杉本良吉さんが越境したのは真冬の1938年1月3日で、警備のすきをついたうえ、深い雪の中だったので追っ手は簡単には追いつけなかったことが報じられている。

これに対して、東さんが越境したとされるのは、ソ連の公文書と本人の願書によれば、その3年後の6月だ。岡田さんたちの越境後、国境取締法が制定され、国境付近への立ち入りが制限されていたし、追っ手を阻む雪もない。国境線一帯は広く、森の中とはいえ、警備が敷かれる中をどうやって越境したのか、謎が残る。

郡司さんによると、東さんは居候生活を始めた1、2カ月後、近くにアパートを見つけ、その後は渋谷や大久保《おおくぼ》などを転々とした。アパートでロシア語の個人教授をして生活し、そこに郡司さんも生徒として通った。

井上さんが副学院長を務めていたロシア語学校「日ソ学院（現・東京ロシア語学院）」の講師を短期間務めたが、すぐに独立して58年6月、「ミール露語教室」（「ミール・ロシア語研究所」の前身）を代々木に設立する。代々木駅東口を降りて、明治通りに出たところにあるいまの「服部栄養専門学校」そばに間借りして、東さん自身もそこで寝泊まりしていたようだ。千駄ヶ谷にあった日ソ学院と目と鼻の先。当時は日ソ国交が回復したばかりで、ロシア民謡も歌声喫茶で歌われていたこともあり、ロシア語学習熱は今よりはるかに高かった。とはいえ、代々木と千駄ヶ谷にロシア語学校が二つ並び、「井上先生は『困ったものだ』と言っていました」と郡司さんは振り返る。当然だろう。

だが、東さんが露語学校の教室のほか通信教育のために発行していた学習雑誌「ミール」に、井上さんがロシア詩を寄稿している。日ソ学院の除村吉太郎《よけむらよしたろう》学院長の寄稿もある。井上さんたち日ソ学院幹部が寛大な態度で接していることが見受けられる。そんな井上さんは翌1959年5月、黄疸が悪化して急死する。

どうして、井上さんは東さんに親切にしていたのだろうか。

「井上先生の人の良さでしょう。九州男児で、頼ってくれれば面倒を見るタイプでしたから」

郡司さんはそう推し量る。第三者の私が付け加えるなら、東さんの実力を認めていたからなのではないだろうか。ロシア文学者で1960年代前半の生徒でもあった中村喜和《なかむらよしかず》・一橋大学名誉教授（90）をして「ロシア人の話すロシア語と変わりがなかった」（「生徒の文集」）と書かしめるほどなのだから。数多くの門下生がロシア語を身につけることができたのは、東さんがソ連で正しい語学の習得方法を学んできたからに違いない。

根拠はいくつかある。たとえば、発音を徹底させる教授方法だ。1970年にモスクワ大学に留学して、そこで一からロシア語を身につけたという前出の元NHKディレクター馬場朝子さんによると、その時点で外国人のためのロシア語教授法が確立していて、発音を徹底して鍛えられたそうだ。

「口の中に手を突っ込まれて、発音するときの形を覚えさせられるのです」

東一夫さんはミールでまさに同じことをやっていたと聞く。東さんが言葉を身につけた1940年代には教授法はまだ確立していなかったのかもしれないが、共通点が多いと感じた。

話を戻そう。郡司さんはもう一つ教えてくれた。なぜ多磨霊園なのか。東さんはドストエフスキーの翻訳で有名な米川正夫《よねかわまさお》さん（1891〜1965年）が大好きで、「米川先生の墓のある多磨霊園に自分も入りたい」と言っていたそうだ。その言葉通り、米川さんの墓参を欠かさなかったそうだ。

東さんの人生は謎に満ちている。命懸けの越境。粛清の嵐が吹くスターリン時代のソ連を生き延び、ロシア語を身につけ、日本に帰国して生き抜いた人。ソ連にいた17年間の生活のことも、ほとんど表に出していない。ソ連での出来事、捨ててきたことが重すぎたのだろうか。

一方で、帰国後のいろいろな失敗と、結婚後に教室が軌道に乗ってからののどかで充実した後半生を見る限り、ソ連から何かの密命を帯びてきたような印象はとても持ちえない。

「モスクワ放送はよくきこえますか？」

ミールからは中村喜和さん、黒田龍之助さん、貝澤哉《かいざわはじめ》さん（早稲田大学教授）をはじめとする著名な文学や語学の研究者のほか、通訳、外交官らが巣立っていった。第2章に登場した元モスクワ放送アナウンサーの橋克子さんも出身者である。

かつての職場だったモスクワ放送について、東さん本人や家族が語ったり、書き残したりした形跡は見当たらない。しかし、教科書でもある『改訂版　標準ロシア会話』（1980年）には、モスクワ放送に関する例文が5つも掲載されている。

「あなたはロシア語（日本語）のモスクワ放送をきいていらっしゃいますか」

「モスクワ放送はいつきけますか？」

「モスクワ放送はよくきこえますか？」

「モスクワ放送はどんな（波長と）周波数できけますか？」

「モスクワ放送は（波長25メートル）、周波数11・69メガヘルツできけます（波長と周波数は、架空の数字です）」

突然の電話

ある日の昼下がり、私の携帯が鳴った。見知らぬ番号からだ。

「東多喜子の息子です」

東伊里彌《いりや》さん（60）だった。イリヤ・ムーロメツというロシアの伝説上の英雄の名から両親がとったのだという。海外で仕事をしていて、母の遺産、遺品を片付けるために一時帰国しているという。それで転送されてきた私の手紙を読んで、連絡してきてくれたと説明した。

伊里彌さんの厚意で、翌日、多喜子さんの自宅にあがらせてもらった。ミールに入校する前、私が迷い込んだ代々木のマンションだ。

寝室の本棚にはロシア語の辞典類がぎっしりと詰まっていた。夫妻で心血を注いで作った『改訂版　標準ロシア会話』ももちろんあった。１９８０年発行の初版。筆記体のロシア語でびっしりと細かい書き込みがあり、新聞記事も貼り付けてあった。表紙を開けたところには、キリル文字で「タキコ」とサインが入っていた。

伊里彌さんによると、マンションの1階で、庭付きでもあるこの家に一人で住み続けることにこだわっていたが、倒れてしまったことがあり高齢者向けの住宅に入居。しばらくして亡くなったという。伊里彌さんが海外に赴任したばかりのころだった。

私は多喜子先生の思い出をお話しした後、知りたかったことを質問した。答えはこんなふうだった。

父・一夫さんの入ソの経緯は知らないが、「ロシア文学が好きだった」とは話していた。帰国の経緯は知らなかった。子どものころは清水姓だったが、保育園か小学校に入って間もないころに、東姓に変わった。

「母は知っていたのかもしれませんが、取材は受けなかったでしょうね」

少しためらった後、私は申し出た。「調べたことを記録に残したい」と。伊里彌さんはしばらく黙っていた後、「記録に残すことは大事なことですね」と言った。

マンションは処分するつもりだと言っていた。居間にはいつも教室で使っていたラジカセが置かれていた。多喜子先生がカセットテープを入れて、再生や巻き戻しボタンを押す様子が不意に頭の中に浮かんだ。先生はＣＤプレーヤーが苦手だったな。いま、こういうラジカセは売っているのだろうか。伊里彌さんと話しながら、なぜだかそんなことを考えていた。

第８章 その後の2人

日本での再就職は

西野肇さんが10年間のモスクワ放送日本課勤務を切り上げ、１９８３年に帰国した後のことが気になった。日本で定職に就いたことのない35歳の男性が就職できたのだろうか、と。40年前の日本の企業は社員のほとんどを新卒で採用し、終身雇用が常識だった。

しかも、そこに飛び込む西野さんの社会人経験は、日本とは体制の違う共産圏の放送局だけだと言ってよい。世代は違うが、戦後シベリアに抑留されて１９４０～50年代に帰国した人たちが「アカ」「共産党の手下」などとみなされ、ひどい就職差別を受けた話を聞いたことがある。モスクワ放送に勤務していたころ、目黒の実家の近くに日本の公安警察と見られる人が聞き込みに来たこともあったそうだ。異質なものを排除するのが日本社会の一面なのだ。

私の問いかけを西野さんは一笑に付した。東京の民放テレビ局に勤める知人が、帰国したと聞いて、「お前、何かあてはあるのか」、そう言って親切に番組制作会社を紹介してくれたのだという。再び、下積みのアシスタント・ディレクター（ＡＤ）からのスタートとなった。上役のディレクターは20代の若者だった。35歳での帰国は日本のテレビ界で再出発するにはギリギリのタイミングだったのかもしれない。

「73年のテレビはフィルムをつないで編集していたけれど、10年たって帰ってきたら、そんな編集方法はなくなって、機械をパチパチたたいて編集するようになっていた」

浦島太郎のような存在だった西野さんは、持ち前の柔軟性で一から方法を覚えていった。

帰国の2年後に始まったペレストロイカの中で、日本国内においてソ連に対する関心が高くなったことが西野さんにとっての追い風になった。改革が始まったとはいえ、共産圏のソ連は取材の窓口が限られていて、手続きは簡単ではなかった。だから「ソ連、ロシアのことならお前だろう」ということになって、ソ連関係の番組制作の話が持ち上がるたびに声がかかった。10年間の生活で、ロシア語の能力も上がっていた。

得意ジャンルの音楽の仕事も続けていた。１９８７年には「百万本のバラ」を歌い、ロシアを代表する歌手になっていたアーラ・プガチョワさんが来日。そのときには、成田空港に出迎えることができた。プガチョワさんは、日本に向けて歌を紹介した西野さんに感謝の言葉をかけてくれたそうだ。

「バラは１００万本は持って行けなくて、10本にしました」

ロシアでは偶数は縁起が悪いと言われ、慶事では奇数にするのが礼儀だ。プガチョワさんはどう感じたのだろうか？

西野さんはペレストロイカを政治家の側ではなく、市民の側から描きたいと考えた。かつて勤めた体制側の主張を流す放送局では、できなかったことでもあった。

１９８９年末のテレビ朝日の『年越し生テレビ！スペシャル』では、反体制舞台演出家のリュビーモフさんに密着取材して日本に紹介した。84年に国外に追放され、取材した年に国籍を回復してモスクワのタガンカ劇場の演出家に復帰していた。「当局非公認」の歌手であり、西野さんがモスクワ放送で放送できなかったヴィソツキーさんがシェークスピア劇のハムレット役を演じた劇場だ。取材中に、劇を見に来るはずだった反体制物理学者、サハロフ博士が急死し、肩を落とすリュビーモフさんや、サハロフ博士のための祭壇とともに、サハロフ博士が見るはずだったドストエフスキーの『罪と罰』の舞台を撮影することができた。

翌90年にモスクワ市内にソ連初のマクドナルドがオープンした際には、店員の青年の１週間を取材してフジテレビで『メッセージ』という短い番組を放送した。

プロデューサーとして、テレビ朝日の『世界の車窓から』、NHKBSの『世紀を刻んだ歌・花はどこへいった』といった番組も制作した。

「肋骨レコード」研究家

ポータブルレコードプレーヤーの回転数を78回転／分にセットした西野さんが、かなり変色した薄いソノシートを載せ、針を落とすと、ゆったりとした楽団の演奏に乗って、哀愁を込めた男性のバリトンが雑音混じりに聞こえてきた。片面にわずか2分50秒記録された歌の曲名は「タチヤーナ」。タイトルが盤面に鉛筆で記されている。ウクライナ出身の歌手、ピョートル・レシチェンコ（1898～1954年）が歌っている。スターリン時代末期に投獄され、雪解けの時代を見ないまま獄死したのだという。タチヤーナという恋人への思いを歌ったものだが、ゴルバチョフ時代に解禁されるまで、ソ連では聞くことが禁じられていた。

よく見ると、ペラペラのソノシートには人間の骨のようなものが写っている。「肋骨レコード」と言われるものだ。1950～60年代、ソビエト市民はジャズやロックンロールといった当局が公認しない音楽を、使用済みの要らなくなったレントゲン写真を切り取ったソノシートのレコード盤に記録し、ひそかに流通させていた。見つかれば逮捕されたが、相当な数が作られ、路上で売買されていた。使用済みのレントゲン写真には、さまざま部位の骨が写っていたけれど、健康診断で撮影する肋骨が写っているものが多かったことから、その名がついたようだ。

西野さんが持ってきてくれて、休日に私の職場でかけてくれた。手作りのためか、レコードをプレーヤーに固定するために開けられた真ん中の穴の位置が一定していなかったり、２個開いていたりするものもある。

西野さんはソ連崩壊後も、仕事を通じてロシアとの関係を途切れさせなかった。２０００年秋、終わりを迎えようとする20世紀を記念する番組を作ろうと思案していた。そのとき思い出したのが、モスクワ放送時代に住んでいたアパートで、友人たちと夜、酒を飲んでいるとき、同僚のロシア人がこっそり教えてくれた話だった。

「誰にも言うなよ。俺から聞いたことも話さないでくれ」

それが肋骨レコードだった。ブレジネフ時代には、まだ表で話題にすることもできないものだった。この話が、ずっと心に残っていたのだ。

西野さんはこれを放送できないだろうかと考えた。ＮＨＫに企画を出し、ジャズサックス奏者の坂《さか》田《た》明《あきら》さんをレポーターに起用することも決まった。だが、肝心の肋骨レコードの実物を入手しているわけではない。入手の当てもない。そうした状態で現地に入らなければならなかった。NHKの担当者からは「とにかく1枚でも見つけてください。そうしないと番組になりませんから」と言われた。不安がいっぱいの状況で取材は始まった。

頼ったのは、「ロシアの声」と名を変えていた古巣のモスクワ放送だった。2000年当時もリップマン・レービンさんは日本課長として健在だった。ビートルズを流した西野さんに「困りましたねえ」と言った、お茶の水博士のような、あの人だ。再会を喜んだレービンさんは「放送で呼びかけてみましょう」と協力を約束してくれた。モスクワ市と周辺をカバーするラジオ局で、こんな告知放送を3回も流してもらった。

「日本のテレビ局が肋骨レコードについての番組を作ろうとしています。買った人、売った人、そして作っていた人がいましたらご連絡ください」

リスナーの中から、61歳の女性が名乗りを上げてくれた。夫と一緒に集めたという肋骨レコードがトランクいっぱいに入っていた。

告知放送とは別に、サンクトペテルブルクに72歳の男性を見つけた。市電の運転士だったという男性は肋骨レコードを15年間作り続け、見つかって懲役5年の判決を受けて服役したと打ち明けてくれた。

「私たち自身が気に入った音楽を聴きたかっただけなのです」

そう訴える男性の姿が2001年、NHKBSで放送され、何度も再放送された。

スターリンからフルシチョフにかけてのわずかな時期に作られ、姿を消した肋骨レコード。

ソ連の人たちの心の奥にある抑えられない音楽への愛情、音楽を聴くための命懸けの行動に、西野さんはすっかり魅せられてしまった。社会主義国という制約のある中で、できること、楽しいことをいつも模索していた自分の生き方につながることでもあった。今でも「肋骨レコード研究家」と名乗って、名刺にも書いている。

「誰もやっていないことだから」

長髪をばっさりと

モスクワ放送在職中だけでなく、帰国後も、とかく堅いイメージのソ連やロシアの意外な一面を紹介し続けた西野さん。それだけに2022年2月に始まったロシアのウクライナ侵攻は、そうした自分の仕事の意味を否定されたと、腹が立って仕方がない。その年の9月、横浜市で開かれたイベントに出た西野さんは「顔に泥を塗られた思いがしました」。本当にいまいましそうだった。

在職中から長髪がトレードマークだった西野さん。行きつけの床屋さんでその髪をばっさりと切り落とし、ヒゲを剃った。床屋さんから「何かあったんですか？」と問われたが、黙っていたそうだ。

「そうしてでも、塗られた泥を落としたかったのです。ヒゲはすぐに生えてきましたけど、この歳だと髪はそうはいきませんね」

陽気なテレビマンらしく、話が深刻になりそうになると、それを察して人をなごませようと、少しおどけてみせた。

ウクライナ侵攻以来、日本でロシア料理店が嫌がらせをされたり、日本に住むロシア人が肩身の狭い思いをしたりしていると伝えられていた。西野さんの家族は嫌な思いはしていないのだろうか。西野さんが妻のオリガさんに聞いてくれたが、「そんなことは全然ない」とのことだった。

言葉にできない戸惑い

モスクワ放送から名前を変え、インターネット放送になっていた「ラジオ・スプートニク」の日本語放送が２０１７年５月に終了した後、一時帰国した日向寺康雄さんは、両親の介護のため、モスクワに戻らずにそのまま日本で暮らしていた。母に続いて、２０２１年夏に父を看取った。

その間、母校の早稲田大学や中央大学の非常勤講師として、「ロシアの芸術の現在」や「ロシアの文化」などを教えるようになっていた。

２０２２年２月下旬、年度末の採点作業などを終えて、日向寺さんは４年半ぶりにモスクワに向かうことにした。数年前に友人と購入したモスクワ郊外のマンションの状況を見に行くことや、親しい人たちと再会するのが目的の「里帰り」の旅のはずだった。復職に向けた相談もしたいと考えていた。

予約したのは、羽田発2月25日の日本航空の便。だが、前日にロシアがウクライナに侵攻し、飛ばなくなった。

翌26日のアエロフロート便は出ることになった。羽田空港の国際線出発ターミナルはコロナ禍とはいえ、人の姿がほとんどなく、閑散としていた。乗客はわずかな数のロシア人と、取材のためにモスクワに向かう朝日新聞記者くらいだった。

そのときの様子を手記に書いている。

「アエロフロート機がシェレメチェヴォ（第2空港）に近づき、（中略）白樺林と雪解けの始まった灰色の大地が見えた時には、目頭が熱くなった」（「日ロ交流」２０２２年4月1日）

30代から50代にかけてのほぼ全てを過ごしたモスクワは、生活の拠点であり、ホームグラウンドになっていたからだ。

「おしゃれで、それでいて庶民的」

そんなふうに表現するモスクワを愛しているのだ。

街には表立った混乱や緊張感は感じられなかった。しかし普段の2月下旬なら、春の訪れを告げる3月8日の祝日「国際女性デー」を前に明るい飾り付けが始まっているのだが、そういった華やかさは全くなかった。ウクライナへの「特別軍事作戦」が全てを変えていた。

久しぶりに顔を合わせた友人、同僚らは「みんな押し黙っていました。まさに灰色の気持ちです」。親類や友人がウクライナにいる人や、知り合いが兵士として戦っている人もいる。そんな現実と直面していた。

そのときの気持ちを、日向寺さんはこう表現している。

「言葉にできない戸惑いや不安、笑顔の裏の深い悲しみがドッと私の身体に流れ込むのだ。(中略)『戦争反対』だが、当事者にとって物事そう簡単に白黒つけられるものではない。すべて陰影のある灰色なのだ」(「日ロ交流」2022年4月1日)

古巣「スプートニク」の日本課はロシア人スタッフが運営し、ウェブに文字のニュースを流していた。職場でアニメ好きの30代の女性課長ダリヤさんと面談したが、課内で戦争報道をめぐる対立から、彼女はそれからしばらくした5月に退職した。

日向寺さんは2週間弱の滞在後、日本に戻ってきた。

アエロフロートの東京直行便はもう飛ばなくなっており、大枚を投じてトルコ経由で帰国しなければならなかった。

「プー」か「英雄」か

帰国直後の2022年3月中旬、私は日向寺さんに会いに行った。

1カ月前に始まったロシアによるウクライナ侵攻のさなかに、モスクワに行っていたらしいという話を聞いていた。モスクワがどんな状況なのか、そこで日本人としてどんなことを感じたのかを聞くことができたら、新聞記事になるかもしれない。なんとも計画性の乏しい取材だったが、とにかく訪ねてみようと思った。

この時点では面識がなかったので、フェイスブックのダイレクトメッセージで連絡を取り、その10日ほど後、思い切って通話ボタンを押してみると、放送と同じ、ちょっと優しい声が聞こえてきた。「帰国後落ち込んでいるので、なかなか人に会えない状態だった」と率直に語ってくれたが、なぜだか電話は切れない。2時間近い長電話になった。にもかかわらず、当初知りたいと目論《もくろ》んでいたことはほとんど引き出せなかった。それでも、とにかく約束を取り付けた。

後日、日向寺さんが父親の介護を続けた神奈川県海老名市のマンションで、現地のチョコレートをいただきながら話を聞かせてもらった。日本のチョコレートとは少し違う、こってりとした独特の風味がした。長い話になった。もちろん戦争を否定しながら、ロシアの立場や論理についても説明された。中には、西側の一員としてウクライナ寄りの立場を取る日本では、なかなか受け入れがたい話もあった。

戦争を始めて自国民に多数の犠牲者を生み出している指導者の名前を「プー」と一部しか言わなかったり、領土を増やしたことなどから「将来は英雄視されるかもしれない」と言ってみたり。くたくたになって話を聞きながら、話の揺れは日向寺さん自身の揺れであったのかもしれないと考えたりもした。

話の最後に、ロシアの若者たちの聞いている新しい音楽について、YouTubeを使って教えてくれた。大学の授業でも題材にしているのだという。ヒップホップの「LITTLE BIG(リトルビッグ)」のプロモーションビデオには、某国の指導者とおぼしき人物が登場する。髪形までそっくりの太った小さな指導者が、ロケットへの偏愛をかなでていた。もっと過激な音楽もあった。男女2人組のロックバンド「IC3PEAK(アイスピーク)」だ。2018年の「もう死ぬしかない」のプロモーションビデオは、かつてのクーデター、さらにエリツィンの政変の舞台でもある最高会議議事堂の前で、自らに火を着けようとするシーンから始まり、絶望の限りをスローバラード調で歌っていた。ロシアの若者たちに支持されていたのだという。

2022年4月にはこうしたロシアの音楽を紹介するイベント「ロシア・ミュージック・ゲリラ」を横浜市で開き、日本の若者を中心に20人ほどを集めた。ロシアの今を知る機会ではあるのだけれど、「どうしていま、ロシアの音楽ばかり」という反応もあったのだという。

冒頭で紹介したモスクワ放送の日本語放送開始80周年のイベントの中でも、日向寺さんはわざわざロシアの国旗のついたＴシャツを着てみせたりした。結びにこんなことを言った。

「ソ連、ロシアは人間的で情があった。経済、政治ではたくさんの人に幻滅と失望を与えてしまったが、文化には心に残るものがあった。モスクワに夢を求めた自分の選択を間違っていたとは、不思議に思えないところがある」

社会主義が崩壊し、覇権主義がはびこる国であっても、文化・芸術の国で出会った人たちを忘れられないでいる。


「モスクワ放送」「ロシアの声」で働いたことで、意図せずとも政権のプロパガンダの一端や、ロシアの立場に加担する面もあったのかもしれない。しかし、市井の人々の姿や文化を日本語で伝えることで、二つの国の橋渡しの役割を果たしたことは間違いない。日向寺さんは言う。

「正しいか、間違っているかは分からない。ロシアの言っていることをその通りに正確に伝える『係』が必要で、誰かが伝えなければならなかった大切な仕事、まさに人間の仕事だった」

日向寺さんは２０１５年、戦後70年を迎えた終戦記念日にこんなことを述べたこともある。

「モスクワからのラジオ放送は、インターネットになった今も、自分達の立場を一方的に伝え、敵と味方や争いの原因を創り出し、敵を攻撃する単なる政治宣伝手段ではなく、人間の声によ

る人間の平和な未来のための放送でなくてはならない」(「日ロ交流」2015年9月1日)

モスクワから日本語で届く声が止まって6年が過ぎた。ウクライナでの戦争が始まって、もうすぐ2年になろうとしている。

番外

ラジオが孤独から救ってくれた

モスクワからのオールナイトニッポン

私は日本では外人といわれ
私はソ連では外人といわれて
２つの血の流れが
新らしいものをつくり出し
どこまで行っても宙ぶらりん

帰る場所のない異邦人。

（角川文庫『Volume　僕の手の中』より）

二つの国の間で悩み、その中から希望を見いだそうと生きた人がいる。ラジオが好きだった。モスクワ放送ではなかったけれど、ソ連時代末期の１９９０年2月、モスクワから日本に向けたラジオ番組を放送したこともある。

川村《かわむら》かおりさん（のちに芸名「川村カオリ」）。１９７１年、日本人の父とロシア人の母との間にモスクワに生まれた。日本に来て、ロック歌手になった。章頭の引用は彼女の著書の一節だ。

40代より上の世代なら覚えているかもしれない。ＪＡＬ（日本航空）の旅行商品「アイル」のコマーシャルに登場した、澄んだ瞳と少年のようなとがった表情をした少女。「アイル・ビー・ゼア」のフレーズが耳に残るテンポのよい曲を歌っていた。東西冷戦が終結し、ベルリンの壁が壊された東欧ブームのただ中に、チェコの街路で撮影されたＣＭは印象に残るものだった。

オールナイトニッポンの土曜深夜の2部（日曜早朝3～5時）を１９８９年4月から2年間担当し、「やあ、やあ、やあ川村かおりです。松任谷《まつとうや》さんお疲れさまでした」と1部のパーソナリティー松任谷由実《ゆみ》さんにあいさつする言葉から放送を始めるのが習わしだった。スタート時は18歳。高いトーンの声で「寝てんじゃねえぞ」と絶叫するテンションの高さに「無駄に明るいトイレの100ワット」とあだ名を付けられた。

モスクワからの放送は、番組スタートからほぼ1年たったときに実現した。父の秀《すぐる》さん(90)が当時勤務していた商社「蝶理」の市中心部プーシキン通り9番地の事務所2階応接間からの放送だった。放送が始まる日本時間午前3時は6時間の時差のあるモスクワでは前日の午後9時。会社のスタッフが引き揚げて、誰もいない事務所から電話で出演した。

「電話が1回切れたけど、またつながって続けました。途中、カセットで録音した音源を流したのを覚えています。そのころのかおりは、日本とソ連が仲良くあってほしいという希望を持っていたのです」

秀さんは懐かしそうに話した。

今回の取材では放送の音源が見つからなかったが、かおりさんが事務所近くのプーシキン広場にちょうど開店したばかりのマクドナルドに出かけ、ソ連の若者たちに日本の印象などをインタビューしたものもあったようだ。そのマクドナルドのソ連1号店は2022年のウクライナ侵攻後に米国資本の店が撤退して閉鎖され、今はロシア資本の「フクースナ・イ・トーチカ(おいしい、ただそれだけ)」に代わった。2023年の春に訪れた知人によると、「ポテトもカリカリに揚がっていて、メニューも味もマックそのもの」なのだそうだ。

東京からの毎週の放送も深夜放送らしいくだけた話題とともに、ソ連という国を知ってほしい、ロシア人と仲良くしてほしいというメッセージが込められたものだった。東京のソ連大使館で「日ソ対抗バスケットボール大会」を開いたこともあった。秀さんの知り合いだったモスクワ放送の日向寺康雄アナウンサーに頼んで、月に一度ペレストロイカのソ連事情を現地レポートしてもらったりもした。

当時を振り返ると、日向寺さんも懐かしそうだ。「こちらはモスクワ放送局ではありません」と言いながら電話に出ていたそうだ。

「楽しい時代でした。下ネタを言っても、文句を言われませんでしたね。世界がよい流れにあり、ソ連と米国の価値観が共有された感じもあった」

ゴルバチョフへの手紙

モスクワ生まれのかおりさんはロシア語が得意で、通訳を介さずにソ連の人と言葉を交わしていた。「日本語が全くなくなり、ロシア語だけが飛び交う時間があった」と言われる異色のオールナイトニッポンだった。ロシア語会話の時間もあった。自作のテキストを希望者に郵便で送り、明け方の4時過ぎに手紙をくれたリスナーに電話をかけた。

「シトー・ティ・シボードゥニャ・ブーヂシ・ジェーラチ（きょうは何をする予定なの？）」

かおりさんの質問にロシア語でうまく答えられるつわものもいた（1990年10月6日放送

の録音テープ＝秀さん提供＝より）。

それだけではなかった。「ゴルバチョフへの手紙」である。当時のゴルバチョフ書記長（のちに大統領）がペレストロイカで国を立て直し、日本との友好関係を発展させると信じていたかおりさんは、リスナーからゴルバチョフに手紙を書いてもらい、放送で読み上げ、それをソ連大使館に届けていた。

熱意は徐々に大使館や日本の政治家を動かした。ゴルバチョフ大統領が１９９１年４月に初めて日本を訪問した際、かおりさんは東京での晩餐《ばんさん》会に当時の海部俊樹《かいふとしき》首相から招待され、ゴルバチョフ大統領と直接言葉を交わしている。

ソ連崩壊の翌年にも日本に来たゴルバチョフ氏のパーティーに参加。本人のテーブルに進み出て、当時はやっていた簡易カメラ「写ルンです」や手紙を手渡し、「（後継者の）エリツィンをあまり好きではありません。いつまでもあなたを支持します」と話しかけ、本人から「まだがんばるつもりだ」との言葉を引き出している。その模様はファンクラブの会報に直筆で掲載されている。

かおりさんは90年末にモスクワに飛び、翌年1月のモスクワ放送の日向寺さんの番組に出演したこともある。モスクワ放送の中波の一つは１２５１キロヘルツ。夜中になると、すぐそばの１２４２キロヘルツのニッポン放送の電波を妨害していると言われることがあった。かおりさんはそのことを逆手に取るように、番組の冒頭で「お隣から来ました」と元気よくあいさつして、日向寺さんをなごませた。

いつも一人でラジオを聞いていた

明るいキャラクターのかおりさんだが、ラジオに特別な思いを持って生きてきた。かおりさんは商社のモスクワ駐在員だった秀さんと、モスクワ生まれのエレーナさんの間に1971年に生まれた。

秀さんがそのころ勤めていたのは商社の「川上貿易」だった。冷戦時、共産圏だったソ連に、日本の大手商社は直接支店を置くことはなく、ダミーの会社や仲介の会社をソ連に作っていた。その一つが秀さんの勤める会社で、「赤い石油」と言われたソ連産原油を出光興産に仲介していた。

モスクワ事務所の所長は杉原《すぎはら》千畝《ちうね》さん（1900~1986年）。第二次世界大戦中のリトアニアの在カウナス日本領事館で書記官をしていたとき、ナチスの迫害から逃れようと避難してきたユダヤ人に一時通過ビザを発給し、約6000人の命を救ったことで有名な人物だ。外交官を辞めたのちに働いていたこの貿易会社で、そうした過去を吹聴したりはしなかったという。

「68年の『朝日新聞』に、そのとき命を助けられて外交官になったユダヤ人と杉原さんが再会するという記事が出て、初めて知りました。それまでもロシア人のような完全なロシア語を話したうえ、英語やドイツ語も使いこなしていた。大物だった」

秀さんは遠い日に接した杉原さんの言葉遣いを思い出しながら語る。

川上貿易は、モスクワ川に近いウクライナホテルに事務所があった。西側の外国人と市民との接触を極力避けるため、ソ連は特定の施設に西側企業やその従業員を集めていた。そのうちの、日本企業の事務所と宿舎が集まっていたのがウクライナホテルで、俗に「日本人村」と呼ばれていた。

建物の中央に高さ206メートルのとがった塔が配置された中世の城を思わせるスターリン時代のゴシック建築の一つだが、中に入ればエレベーターがぎこちなく揺れる典型的なソ連のホテルだったようだ。ソ連のホテルは各階のエレベーター前に女性職員がいて客室の鍵を預かる仕組みになっている。宿泊客の監視役も兼ねていたと言われている。

秀さんの部屋の鍵番の女性の娘が、のちに妻となるエレーナさんだった。1969年、18歳の学生だったエレーナさんが母親に用があって、職場のウクライナホテルを訪ねたところ、秀さんと出くわした。秀さんは「それでは」と白いブルーバードを運転してエレーナさんを学校まで送ることになったのだという。

秀さんはそのとき36歳。「日本人は若く見えるからね」と半世紀以上前の出来事を少し照れながら話す。それにしても大胆な行動だった。当時のソ連ではまだ少なかった乗用車を乗り回すハンサムな日本人は目立っていたのだろう。紆余曲折があったというが、杉原千畝さんが立会人を務めて、2人は結婚することになった。

東西冷戦の時代。ソ連市民が西側の外国人と結婚するのは勇気のいることだった。さまざまな障害を乗り越えなければならなかった。エレーナさんは所属していたソ連共産党の青年組織「コムソモール」の団員証を目の前で破られたこともある。

結婚後も風当たりは強かった。物不足のソ連では、外貨を使える店にしか売っていない物があった。外国人しか入れないこうした店に出入りできるようになったことがねたみを招いた。買い物に出かけて、これ見よがしに「売春婦」とののしられたこともあった。

「住んでいたウクライナホテルの25階の部屋に嫌がらせの電話が毎晩かかるものだから、枕を電話機の上に置いて寝たこともあります」

秀さんはその後、別の商社「蝶理」に移ったが、ここでは「僻地手当」として年2回それぞれ1週間の休暇が取れ、一家はソ連から出ることにしていた。ところが、パスポートもビザも持っているのに、エレーナさんだけが空港で出国を止められたことがあるという。離ればなれになり、一人だけ家に帰らなければならなかったエレーナさん。一家にとって忘れられないつらい思い出だったのだろう。秀さんが話してくれたこのエピソードを、娘のかおりさんも同じように自伝『Helter Skelter』の中に記している。

国際結婚で生まれた娘のかおりさんもつらい体験をしている。小学校6年生のとき、秀さんの転勤で日本に帰ったが、転校した千葉県の小学校で激しいいじめにあったのだ。二つの国にルーツを持つ彫りの深い顔立ちは、目立ってしまったのだろう。そのころの日本社会では、ソ連はよくは思われていなかったし、子どもたちにもそれは伝わっていたに違いない。かおりさんは上履きを隠されたり、教科書を破られたりした。

中学校に上がって落ち着きかけた1983年の秋、大韓航空機撃墜事件が起きる。ソ連が国連の場で事実関係を否定したこともあって、ソ連への非難が集中し、日本社会でソ連は「悪」の代名詞のようになった。かおりさんは教師から、ソ連を代表する存在として「外道」と名指しされたことさえあったという。リストカットをしたこともある、と著書の中で打ち明けている。

秀さんはかおりさんがいじめられていることに気がつかなかったそうだ。

「転んだ、とかうまく取り繕っていたのでしょう」

大韓機撃墜のときはシベリア地方に出張していた。米国の観光客が冷ややかな目で見ている中で、日本の駐在員らは予定通りソ連側との取引や酒席をこなさなければならなかった。家族の苦労に思いをいたす余裕がなかったようだ。

秀さんはどうしてソ連で働くことになったのだろうか。その経歴はかなり異色だ。音楽教師の末っ子に生まれ、静岡県沼津市で育った。軍国少年だったという。1945年の沼津大空襲を経験。敗戦で社会の価値観が転換するのを目の当たりにする。関西にいた姉が列車で帰ってくる途中、「東京に行って自決する」と言っている若い陸軍中佐に出くわした。その人を思いとどまらせるため、一緒に沼津で下車し、一家でその人を説得したそうだ。その人は10日ほど家に泊まっていった。ある晩、彼は秀さんを市内の千本浜と呼ばれる海岸に誘った。

「すぐるちゃん、そのうち人間は月に行くようになるんだよ」

中佐は早稲田大学理工学部出身で、事情に明るかったそうだ。終戦から間もないころ、そんな話を聞いて、本当に驚いたという。その人はのちに姉と結婚した。

高校時代、のちに芥川賞作家になる兄の晃《あきら》さん（1927〜96年）の影響で日本共産党に入党。東京・千駄ヶ谷にあった日ソ協会の事務局で働き、1957年夏にモスクワで開かれた第6回世界青年学生平和友好祭に、シベリア鉄道に乗って大陸を横断して参加。そこで知り合ったブルガリアの外交官らを1960年に日本に招いたところ、そのお礼で翌61年に当時、日本人としてはかなり珍しいブルガリア訪問をしている。この間、日ソ協会事務局と同じ建物に「日ソ学院」があったことから「一番後ろの席で」ロシア語の授業を聴講。基礎を身につける。早稲田大学第二文学部の入試の際には、外国語をロシア語で受験して合格。入学後しばらくの間、昼間は日ソ協会勤務、夜は大学生という生活を送る。その後に専門商社に入って、卒業後にモスクワに赴任。モスクワで引き抜かれて入社したのが、杉原さんのいる川上貿易だったというわけだ。

中学時代のかおりさんに話を戻そう。日本人のソ連嫌いが決定的になっていた1980年代の日本で中学時代を送ったかおりさんの孤独をいやしたのは、秀さんがプレゼントしてくれたスヌーピーの形をしたラジオから流れる音楽だった。

「友達がいなくて、いつも一人で、夜中もずっと眠れなくて、親に買ってもらったラジオを聞いていたんです」（1991年、秀さんの友人の劇作家、斎藤憐《さいとうれん》さんのインタビューに答えて）なかでも心を捉えたのはパンクロック、とくにセックス・ピストルズのベーシスト、シド・ヴィシャスだった。ロックの世界に心を引き込まれ、原宿通いをするようになった。

高校は日本を離れ、英国四天王寺学園の寮に入った。休暇で帰った日本でデビューの足がかりをつかむ。レコード会社のディレクターと知り合い、書きためた詞を送ったら、次の休みで日本を訪れたとき、「10代の記念に」とレコーディングスタジオに招かれる。そこではかおりさんの歌詞のメモを元に、ロックグループ、エコーズのボーカルだった辻仁成《つじじんせい》さんがデビュー曲「ＺＯＯ（ズー）」を作詞・作曲していた。17歳でデビューすることになった。

日本人の父とソ連人の母という出自は、当時の日本社会では珍しい存在だったはずだ。目鼻立ちの整った顔つきで、歌がうまく、書いていた歌詞にも見るべきものがあったのだろう。芸能界が放っておくはずがなかった。翌年、オールナイトニッポンのパーソナリティーに抜擢《ばってき》された。

「マックスのときには2000通はあっただろうか。全ての手紙に目を通した。ラジオでは紹介されなかった手紙の中には、昔の自分のようにいじめられている人や自殺未遂をした人など様々な人がいた。そして、昔の自分もそうだったように、ラジオで救われた頃を思い出し、絶対に弱いところは見せずに、この人たちのために強く明るくいようと思ったのだった」

（『Helter Skelter』）

土曜深夜（日曜早朝）の午前3時から5時という過酷な時間帯の生放送で2年間パーソナリティーを務めたかおりさんは、91年6月に降板。最終回ではこんな言葉を残している。

「最後に、みんなに言うとしたら、あたしがこのラジオやって自分の中に得たものというのは、人生が全部生放送なんだなって。自分はこうやって電波を通して生放送をやっているけど、人生全てが生放送で、時には放送禁止用語も言って反省文を書くこともあるけど、だけど生放送は続いている」（「川村かおりのオールナイトニッポン」最終回）

思い出の曲

その後、音楽を一度やめた後に復帰。結婚と長女の出産をしたが、2004年に乳がんにかかってしまう。一度は治療がうまくいくが、再発。がん家系ではなかったというのだが、母のエレーナさんは1998年に同じ病気で亡くなっている。二つの国の狭間で受けたストレスが、体に大きな負荷をかけ続けたのだろうか。

かおりさんは2009年7月28日、38歳の若さで亡くなった。亡くなる2カ月前に渋谷公会堂でコンサートを開き、それを7歳の長女・るちあさんの目に焼き付けた。そんな生き方は伝説のようになってしまった。

「嵐のような人生だった」

父親の秀さんは娘の38年間をそう表現する。


遠いモスクワにも訃報が届く。リスナーからのメールを受け取った日向寺さんは7月31日の「ロシアの声」で追悼番組を放送した。

「かおりちゃんと呼ばせてください」

そう呼びかけて、出会いと交流を語り、思い出の曲をかけた。その曲「39番目の夢」は願いごとや社会への希望をリスナーに語りかけるように歌っている。

「この国がもっともっと好かれる国になりますように」

「誰にでも優しい国でありますように」

二つの国の人々に向かって呼びかけているようだった。

父親の秀さんが早稲田大学の先輩に当たることもあって、日向寺さんは子どものころから彼女のことを知っている。二つの国の狭間で苦しむ彼女のことが、人ごととは思えなかったのだろう。

番組の最後に日向寺さんは「これからもかおりさんの曲やメッセージを紹介する」と宣言するように言って、そのわけをこう付け加えた。

「それが私たちの仕事だと思うからです」

いま、その放送の録音を聞き直す。ロシア国営のプロパガンダ放送であっても、日向寺さんたちスタッフが、文化や音楽、そして二つの国を生きる人たちを紹介し、二つの国をつなぐ役割を果たそうとしていたことは、偽りのない事実だ。

エピローグ

NO WAR

戦争反対
戦争をやめて。プロパガンダを信じないで。
あなたたちはだまされている。
戦争に反対するロシア人より

ロシアがウクライナに侵攻して3週間ほどたった2022年3月14日、ロシア第1チャンネルのニュース番組『ブレーミャ（時間）』のキャスター、エカテリーナ・アンドレーエワさん（61）の後ろに、模造紙のようなものにフェルトペンで書いたメッセージを掲げた女性が立った。番組スタッフのマリーナ・オフシャニコワさん（45）。

『ブレーミャ』は第1チャンネルの午後9時からのニュース番組で、日本で言えばNHK総合の『ニュースウオッチ9』に相当するものだろうか。オープニング曲は、かつてのモスクワ放送日本語放送の『ラジオジャーナル　今日の話題』で流れていたものと同じ、「時よ、進め！」である。

オフシャニコワさんの姿は何十秒か、流された。きっと打ち切ろうとすればスイッチ一つを押すだけで、すぐにでも画面を切り替えられ、そこから排除できたはずだが、その場のスタッフがしばらくそれを容認したのだと思われる。

オフシャニコワさんは2022年秋に国外脱出に成功してフランスにいることが、2023年2月になって明らかになった。共同通信によると、モスクワの裁判所は同年10月4日、「ロシア軍に関する虚偽情報を故意に広めた」として、懲役8年6月の判決を言い渡した。ロシアは国外に滞在し、反戦を訴える活動を続ける彼女に欠席裁判で圧力をかけた形だが、無事であることをただ願うばかりだ。

ソ連時代のモスクワ放送の報道を調べていたら、びっくりすることがあった。ソ連がアフガニスタンに侵攻していた1983年5月、モスクワ放送の英語放送のアナウンサーが2日間にわたり計5回、ソ連による侵攻を批判する放送をしていたことが報じられていたのだ。

ウラジーミル・ダンチェフさんというアナウンサーは「アフガニスタンに侵入したソ連占領軍に対するアフガニスタン住民の役割は増大している」とか「アフガニスタン東部のナンガハル、パクチア地域で住民の抵抗が増え」「ソ連侵入軍に対する闘争を活発化している」などと放送していたのだという（「読売新聞」1983年5月25日朝刊）。

ペレストロイカが始まる2年前、アンドロポフ書記長時代のことだ。

モスクワ放送のスポークスマンはその後、ダンチェフさんの「個人的な誤り」だったと述べたが、そのような言い訳は不自然なものに映った。モスクワ放送の外国向け放送をはじめとするソ連の当時の報道機関は、繰り返し述べてきたが、検閲を受けなければ放送ができなかったからだ。2022年のオフシャニコワさんのように、一人でやったようでいて、それに協力したり、黙認したりする人たちが周りにいたのではないだろうか。

強権的と言われる国であっても、そこに生きる人たち一人一人の良心は生きている。

「期待したいよね」

2023年春、ソ連時代の映画音楽を聴く集いで、西野肇さんと一緒になった。モスクワ放送の日本語放送開始80周年記念の集会から半年あまり。横浜の同じビルのフロアでの再会だった。DJを務めたのは、西野さんの放送がきっかけでソ連の歌謡曲や映画にのめり込むようになった蒲生昌明さんだ。

紹介された11本の映画の中には、ウクライナ人女性の俳優と、現在はプーチン支持集会の常連として知られる男性俳優が共演するミュージカル作品『心』（アレクサンドル・ステファノヴィチ監督）があった。作中の演奏シーンで登場するロックバンド「マシーナ・ブレーメニ（タイムマシン）」は、川越史郎さんの長男・セルゲイさんが若い頃にメンバーだった。そしてバンドのリーダーは、ウクライナ侵攻を受けて今はロシア国外に出ているという。蒲生さんは「主役の2人。40年後に互いが敵対するとは思っていなかったでしょうね」と静かにコメントした。

紹介された作品の多くは、西野さんがモスクワ放送で働いていた1970～80年代ごろに作られたものだった。でも、ほとんど見た覚えがないそうだ。

「バレエや芝居はよく見に行ったんですよ。ソ連は芸術が保護されている国で、日本円で600円くらい払えば、一流の作品が見られたからね。でも、映画はあんまり行かなかったんだよね」

帰りの電車の中で、懐かしそうに語り出した。映画はロシア語が分からないと理解するのが難しかったのだろう。でも、1本だけ見た覚えがあるという。

『イワン・ワシリエヴィチ　転職する』（レオニード・ガイダイ監督）

西野さんが入局した1973年の作品で、16世紀の冷酷な皇帝・イワン雷帝（イワン・ワシリエヴィチ）と、同じ名前の現代モスクワのアパート管理人とが、タイムマシンで入れ替わるという設定の物語だ。

映画の中で1970年代のモスクワのアパートに迷い込んだイワン雷帝は、住人の真っ赤なカセットテープレコーダーを手にし、何に使うものなのか分からないまま再生ボタンを押す。流れてきたのは、ギターに乗った、がなり立てるような歌声だった。反体制的な言動で知られ、西野さんでさえも放送できなかった反体制詩人、歌手であるウラジーミル・ヴィソツキー。それが国営映画会社で作られた映画の中で、堂々と流れていた。そんなことができたのはなぜだろう？

「うまく抜け道を探したんだろうね」と西野さんは少し考えながら言った。ヴィソツキーは当時、市民の間でこっそりとカセットテープが回され、ダビングされ、「どうして、こんなにみんな知っているのだろうか」というくらいに広まっていたのだそうだ。だから一般市民のアパートの部屋で、レコード盤ではなくカセットテープから、さも偶然に、ストーリーに関係ない流れで私的に流れるという設定なら、自然すぎるくらい自然でギリギリセーフだったのではないかという見立てだ。

「監督はとても頭がいい人だったんだね」

この話をソ連映画に詳しい大学の教員らに問いかけてみたら、「前の年にブレジネフがガイダイの映画を見て絶賛し、ガイダイはある程度自由にできた」といった話を聞かせてくれた。ソ連には同じことであっても、いくつかの基準が存在しているということなのか。

西野さんの話は続いた。

「検閲は大詩人プーシキンの時代からあったんだよ。芸術家の間では、それをすり抜けて、わずかにでも言いたいことを言う伝統があったんだ。今、戦争が始まって、多くの文化人は国外に出て行ったけど、事情があって国内にとどまっている人もいるはずだ。そういう人たちは表面上戦争を支持しているふりをしたり、沈黙したりしているかもしれない。でも、そのうち動きが出てくるかもしれない。それを期待している。期待したいよね」

そう話すと、自宅最寄りの東急東横線祐天寺《ゆうてんじ》駅で降りていった。前向きで、優しい人なのだ。ロシアには変わってほしい。戻ってきてほしい。待っている。そんな気持ちが伝わってきた。

「髪が少し伸びましたね」と伝えたら、うれしそうに笑った。背負った黒いリュックには、ロシアを象徴するマトリョーシカ人形のマスコットがくくりつけられていた。

報道か、プロパガンダか

2023年4月中旬、ウクライナ東部に攻め込んだロシア軍は、ドネツク州の要衝バフムトの包囲作戦を続けていた。開戦2年目の春を迎えて、遠く離れた日本ではこの戦争のニュースが大きく報じられることは少なくなっていたが、それでも作戦の主力になっているロシアの民間軍事会社「ワグネル」が、この都市の7割か8割かを掌握したと報じられていた。

日向寺康雄さんは東京にいた。ジーンズにトレーナーを着込んだラフな格好で、非常勤講師を務める中央大学法学部の前期2回目の講義にやってきた。人なつっこいどんぐり眼に短く刈った白髪が載っているいつもの風貌だが、心なしか元気がない。

八王子の山を切り開いたような土地からこの春、都心の茗荷谷《みょうがだに》に移った法学部はビル1棟をキャンパスにしている。その3階の40人も入れば満席になる小さな横長の教室で、3・4年次対象の「文化論BI」を開講している。

出席した学生18人を前に、ロシアが東方正教会の復活祭「パスハ」を迎えていること、同じ正教徒の国であるロシア・ウクライナの間で、このタイミングで捕虜交換が実現したことを解説した。

パスハは欧米のイースター（復活祭）に相当するものだが、生命誕生の象徴である卵が交換されること以外の共通点は少ないようだ。モニターに映し出されたＹｏｕＴｕｂｅの動画からは、ロシア正教の司祭がきらびやかな教会で、聖歌隊を前にキリストの復活を祝う映像が流れていた。日本でもよく目にするカトリックやプロテスタントの盛典とは違う。楽器もなく、人間の声だけが流れる祭典は神秘的で、むしろイスラム教に近い印象さえある。

「十字を切る順番は正教では上下右左の順。カトリックなどの上下左右と反対です。十字架の形も違います」

エキゾチックな映像の展開と日向寺さんのやや唐突な説明に、学生たちは黙っている。

それが済むと日向寺さんは、授業の見学に来ていた私を指名し、ゲストとして話すように促した。対外宣伝が任務のモスクワのラジオ局で働いた日本人スタッフの心情を描いた新聞記事（「毎日新聞」２０２３年1月8日朝刊）を題材に、なぜ私がその記事を取材し、書いたのかを問われるままに話した。

高校生のとき、大韓航空機撃墜事件を伝えるモスクワからの放送があまりに日ごろのニュースからは外れていたこと、そしてソ連の見解を伝える日本人アナウンサーは抵抗なく話していたこと、いったいどんな人なのかが気になったことを皮切りに、あの日から40年間封印された問いの答えを得るために、日向寺さんや西野さんたちに取材をして、記事を書くまでを語り、なお疑問が残っていることを告げた。

聞いていた日向寺さんの表情が少しこわばっているのが気になり、話に集中できなかった。

日向寺さんは学生に質問を促し、前年後期の日向寺さんの授業を受け、私の記事のことも知っているというホリゴメさんという女子学生を指名した。

「最近プロパガンダとか報道のあり方についてすごく問われ、報道に中立的な立場が求められています。そんな世の中で、青島さんが記者としてどのようなことを重視しているのかを教えてください」

本論の「文化論」とはちょっと外れた質問に戸惑った。でも、講師の日向寺さんが外国のマスメディアで働き、ゲストが日本のマスメディアの人間だと知ってこのような質問を投げかけてきたのだろう。プロパガンダという言葉がとげとげしく心に響いていた。遠慮しないで答えようと思った。

「すごくいい質問ですね。中立って何だろう？　真ん中に立つってことなのでしょうけど、では真ん中ってなんでしょうね。ゴムみたいなものがあったとして、こっちに引っ張れば真ん中は右に寄り、反対側に引っ張れば左に寄る。すごく難しい概念ですよね。『中立であれ』というのは、日本では政府とか当局が報道を規制しようとするときに使うように思います。偏らずに報じることは大事なことだし、伝える側が守っていかなければならないことだけれど、それは努力目標であるべきなのです。誰かに言われるのではなく、自律的に守っていこうとするものだと思うのです」

うまく説明できなかったが、続けた。

「友人の大学教授の受け売りでもあるのですが、中立より大事なのは独立しているってことだと思うのです。独立して、誰のために伝えるのかをいつも考える。報道って市民のためですよね。一方、(自動車メーカー大手のトヨタが作っている)『トヨタイムズ』という動画がある。ニュース仕立てで元ニュースキャスターが聞き手を務めている。でも、これは報道ではありません。トヨタの広告です。企業が儲けるためのものと、みんなのための報道は目的が違います」

繰り返した。

「誰のためなのか。独立しているのか。きっとそこが一番大事なことだと思います」

それはきれいごとに過ぎないと言われるのかもしれない。日本の報道機関がいま、職責を果たしているのか。自分のことを含めて胸に手を当てて考えてみると、本当の意味で独立した報道ができているとは言えない。放送局を中心に権力の介入を許してきたし、重要な情報は政府をはじめとする権力に握られ、情報を当局に依存せざるを得ない。報道機関の立場は、構造的に権力の下にある。公文書管理、情報公開の制度はできたが、徐々に後退し、文書が作られなかったり、作られても公開される前に捨てられてしまったりするような事態が起きている。一定の時間がたてば全ての公文書を公開するルールを確立させれば、権力者はうそをつくことをためらうはずだが、現状はそうはなっていない。

モスクワ放送はどうなのか

問いに対する答えは一応終わったが、私は発言を続けずにはいられなくなった。

「さて、モスクワ放送はどうなのかということを考えたいのです」

そのとき、日向寺さんが口を挟んだ。

「モスクワ放送は完全に国営メディアですから。プーチンのやっていることを、政府の伝えたいことをまずは伝える……」

自分が働いていた放送局のことを自虐的に話し始めた。この後、少し力をこめて言った。

「残った可能性の中で、(公には) 言えないことを言う。残った可能性は少ないけれど」

日向寺さんは、政府の宣伝色の強い国営放送の中にあっても、制約のすきまのわずかな可能性にかけて、伝えたいことを伝えてきたと、そう言いたかったのだと思う。ニュースの間に、その日の空模様や街の様子を差し挟むことで、その背景にある空気感を伝え、音楽や芸術といった文化情報を通じてそこに生きる市民の活動を届けてきた。自分の肉声で。

そして学生に向かって、もう一つ大切なことを口にした。

「確かにあの国は西側へのコンプレックスも強いし、西側の自由への憧れもある……。でも、あの国を急がせないでください。急がせると、せっかくのいいところも潰されてしまう可能性もありますからね」

言いたいことはもっとあったかもしれない。でも、日向寺さんはそれで黙ってしまった。

西側の体制を脅威だと感じて対抗するあまりに頑な姿勢を取り、日本で「悪の帝国」だの「おそロシア」だのと言われてきたソ連、そして今のロシア。そこに住む人たちは今の状況を本当はよいとは思っていないはずだ。そのときが来たら、行動する人は必ずいる。でも今やったら簡単に潰されてしまう。じっと時を待っているのだ。そんな人たちの存在を信じてほしい。待っていてほしい。日向寺さんはそんなことを言いたかったのだと私は受け止めている。

戦争が始まった後、日向寺さんはモスクワに渡ってからの35年間を回想して、こう書いている。

「とにかく酷い目にばかりあった気がする。ただ、こうして今振り返ってみると、みなどれも楽しい事ばかりだったように思えるから不思議である。ロシアと関わる中で私は、素晴らしい方々との出会いに恵まれ、人生は深く豊かな彩りに満ちたものとなった。だから今回の試練でも、やはりロシアを信じたい。そんな私は、懲りない愚か者かもしれないが」(「日ロ交流」2023年1月1日)

日向寺さんは、侵攻を続けるロシアの立場を説明する役割を担い、一人で「悪役」を引き受けているように見える。そんな姿を見ているのはつらい。でも、一人で背負い込むことはないと思うのだ。

あの放送に関わった人たちは、夢ばかりを見て、現実から逃避したドン・キホーテではない。試練や制約を乗り越え、肉声を通じて二つの国、そして世界に橋をかけようとした人たちだ。その努力が、いつか報われる日が来ることを私は信じる。

主要参考文献

【単行本】

安達紀子『モスクワ狂詩曲（ラプソディー） ロシアの人びとへのまなざし １９８６‐１９９２』新評論、１９９４年
東一夫、東多喜子『改訂版 標準ロシア会話』白水社、１９８０年
東一夫、東多喜子『改訂版 標準ロシア語入門』白水社、１９９４年
井上満『折蛾 井上満遺稿と追想』井上満遺稿集・追悼録刊行委員会、１９６３年
岩上安身ほか『ソ連と呼ばれた国に生きて』ＪＩＣＣ出版局、１９９２年
岡田和也『雪とインク アムールの風に吹かれて １９８９～２０１１』未知谷、２０１８年
岡田嘉子『心に残る人びと』早川書房、１９８３年
オリバー・ストーン著、土方奈美訳『オリバー・ストーン オン プーチン』文藝春秋、２０１８年
金平茂紀『ロシアより愛をこめて モスクワ特派員滞在日誌 １９９１‐１９９４』筑摩書房、１９９５年
蒲生昌明『ソ連歌謡 共産主義体制下の大衆音楽』パブリブ、２０１９年

川越史郎『ロシア国籍日本人の記録』中公新書、1994年
川村かおり『Volume　僕の手の中』角川文庫、1992年
川村カオリ『Helter Skelter』宝島社、2005年
木村慶一『モスクワ・日本・ハバロフスク　対日モスクワ放送員の手記』川崎書店、1949年
黒田龍之助『その他の外国語　役に立たない語学のはなし』現代書館、2005年
黒田龍之助『ロシア語だけの青春　ミールに通った日々』現代書館、2018年
斎藤憐『昭和不良伝　越境する女たち篇』岩波書店、1999年
佐藤優『十五の夏（上・下）』幻冬舎、2018年
日本放送協会総合放送文化研究所放送史編修室『放送史料集3　豊原放送局』部内資料、1971年
野口均『シベリア・ラーメン物語　成功した草の根の日ロ合弁』文藝春秋、1994年
ミール文集編集委員会『生徒の文集　ミール・ロシア語研究所55年の軌跡』非売品、2013年
三宅直子『難民少女チャウの出発』近代映画社、1983年
山本武利『占領期メディア分析』法政大学出版局、1996年
吉岡忍『鏡の国のクーデター　ソ連8月政変後を歩く』文藝春秋、1991年

【論文】

島田顕訳『東一夫関連文書（ロシア国立社会政治史文書館所蔵）』「アジア太平洋討究」25号、2015年12月
島田顕『第二次世界大戦中のモスクワ放送』「アジア太平洋討究」27号、2016年10月
島田顕『開始当初のモスクワ放送日本語番組』「アジア太平洋討究」28号、2017年3月
島田顕『1950年のモスクワ放送日本語番組』「アジア太平洋討究」43号、2022年2月
田中則広『諸外国の短波による対日情報発信』NHK放送文化研究所「放送研究と調査」2014年10月号

【雑誌記事】

赤沼弘『ロシア、我が愛、ナージャとの出会い』「季刊チャイカ」1991年冬号
川越史郎『ソ連の対日マスメディアで活躍した日本人①〜⑥』「社会主義」2005年4〜7、10、11月号
カワゴエ・セルゲイ『父の国日本』「季刊チャイカ」1992年夏・秋号
木村慶一、石坂幸子ほか『ソヴエトの自由と対決する』「世界評論」1950年2月号
斎藤憐『日ソの狭間から見る私たちの未来　川村かおりとひとときをすごして』「ミュージックマガジン」1991年11月号

下山宏昭『ソ連崩壊に立ち会った日本人　モスクワ放送史に刻まれた群像』「岡山人じゃが」２０１１年
清田彰『内戦を拒否したロシア国民　最近のロシア政治・市民生活・マスコミ事情』「進歩と改革」１９９３年12月号
谷畑良三『昔、「社会主義」があった頃②　モスクワ郊外に眠る級友』「季刊チャイカ」１９９０年秋号
永井萌二『望郷の念にもえる日系ソ連人たち』「週刊朝日」１９７０年10月30日号
半田亜季子『岡田敬介氏の数奇な人生』「正論」２０１３年10月号

【雑誌】

「今日のソ連邦」
「ソビエトグラフ日本版」
「日ロ交流」

モスクワ放送日本語放送の歴史

●1942年
・4月14日、日本語放送開始。初代アナウンサーは「ムヘンシャン」と名乗った緒方重臣さん。翻訳は野坂龍さんが担当した。当初の放送は1日30分の短波放送。日本での聴取は制限されていたとされる。

●1946年
・12月3日、ハバロフスクからの日本語放送が開始。翻訳員に木村慶一さんや東一夫さんら。アナウンサーは石坂幸子さん。

●1947年
・9月、ハバロフスクから、シベリア抑留者の消息を一人ずつ紹介する「おたより放送」を開始。

●1948年
・清田彰さん、川越史郎さん、赤沼弘さん、滝口新太郎さん、石井次郎さんらがハバロフスクで採用される。4月、ソ連に亡命していた岡田嘉子さんが、モスクワで入局。

●1951年
・清田さん、川越さんらがモスクワに転勤。52年説も。

●1956年
・日ソ国交回復。

●1958年
・東一夫さんが帰国。
●1959年
・リップマン・レービンさんが入局。
●1963年
・清田さん、川越さんの家族が訪ソ。
●1967年
・レービンさんが日本課長に就任。2009年まで40年以上務める。
●1970年
・川越さん、25年ぶり一時帰国。
●1971年
・10月23日、滝口新太郎さん病死（58歳）。
●1972年
・11月13日、岡田嘉子さんが夫である滝口さんの遺骨を抱いて、34年ぶりに一時帰国。
●1973年
・西野肇さん入局（〜83年）。
●1979年
・ソ連がアフガニスタン侵攻。

●1980年

・モスクワ五輪。日本はボイコット。

●1983年

・9月1日、大韓航空機撃墜事件。

●1987年

・日向寺康雄さん入局。

●1991年

・川村かおりさんが日向寺さんの番組に出演。

・1月13日、リトアニアで「血の日曜日事件」。

・4月、ゴルバチョフ大統領初来日。

・8月19日、国家非常事態委員会がクーデターを起こす。山口英樹アナウンサーが同委員会の声明を放送。クーデターは鎮圧される。

・12月、ソ連崩壊。

●1992年

・日向寺アナウンサー、新年の放送で「ロシアをとことん伝えていきたい」と語る。

・2月10日、岡田嘉子さん死去（89歳）。

●1993年

・モスクワ放送が「ロシアの声」に改称。

●2006年

・川越史郎さん死去（81歳）。

●2009年

・日本課長のレービンさんが退局。

●2011年

・4月16日、清田彰さん死去（88歳）。

●2013年

・3月6日、レービンさん死去（87歳）。

・7月1日、岡田敬介さん死去（87歳）。

●2014年

・「ロシアの声」が「ラジオ・スプートニク」と改称。インターネット放送に。

●2017年

・5月、人間の声による放送が終了。

●2022年

・2月24日、ロシアがウクライナに侵攻。

20時-21時	21時-22時	23時-24時
ニュース 時事解説 ソ連の生活から	ニュース 週間ラジオ展望 聴取者からの手紙	ニュース 週間ラジオ展望 聴取者からの手紙
ニュース 平和と軍縮 ソ連の生活から	ニュース 今日の話題 友好と善隣	ニュース 今日の話題 友好と善隣
ニュース 時事解説 ソ連の生活から	ニュース 今日の話題 ソビエトの 科学と技術	ニュース 今日の話題 ソビエト文化
ニュース 時事解説 シベリアめぐり	ニュース 今日の話題 ソビエト文化	ニュース 今日の話題 スポーツ
ニュース 時事解説 お返事の時間	ニュース 今日の話題 ロシア語講座	ニュース 今日の話題 ソビエトのパノラマ
ニュース 時事解説 青年放送「灯台」	ニュース 今日の話題 ソビエトのパノラマ	ニュース 今日の話題 ソビエトの 科学と技術
ニュース ソビエト極東だより	ニュース 今日の話題 リクエスト音楽	ニュース 今日の話題 ミッドナイト・ イン・モスコー

※毎月末日の23時はニュース、今日の話題に続いて「ザ・ヒット・テン・イン・モスコー」。

「1983年4月の番組表」(日本時間)

時間／曜日	7時-7時30分	18時30分-19時	19時-20時
日	ニュース ラジオジャーナル 今日の話題	ニュース ソ連の生活から	ニュース 時事解説 メロディーと リズムと歌
月	ニュース 週間ラジオ展望	ニュース ソ連の生活から	ニュース 平和と軍縮 音楽番組
火	ニュース ラジオジャーナル 今日の話題	ニュース ソ連の生活から	ニュース ロシア語講座 現代ソビエト音楽
水	ニュース ラジオジャーナル 今日の話題	ニュース シベリアめぐり	ニュース 時事解説 クラシック音楽
木	ニュース ラジオジャーナル 今日の話題	ニュース お返事の時間	ニュース 時事解説 ロシア民族音楽
金	ニュース ラジオジャーナル 今日の話題	ニュース 青年放送「灯台」	ニュース 時事解説 ソ連諸民族の メロディー
土	ニュース ラジオジャーナル 今日の話題	ニュース 時事解説 ラジオ懇談会	ニュース 時事解説 音楽番組

第21回開高健ノンフィクション賞 受賞作

本書は「毎日新聞」2023年1月8日朝刊
「迫る　旧ソ連の日本向けラジオ局
社会主義下　届けた『自由』」
を基に、大幅に加筆・再構成したものです。

執筆者プロフィール

青島《あおしま》 顕《けん》

1966年静岡市生まれ。小学生時代に東京都へ。91年に早稲田大学法学部を卒業し、毎日新聞社に入社。西部本社整理部、佐賀、福岡、八王子、東京社会部、水戸、内部監査室委員、社会部編集委員、立川などでの勤務を経て、現在東京社会部記者。共著書に『徹底検証 安倍政治』『記者のための裁判記録閲覧ハンドブック』。本書が初の単著となる。

装丁+本文デザイン／國吉 卓

MOCT《モスト》
「ソ連《れん》」を伝《つた》えたモスクワ放送《ほうそう》の日本人《にほんじん》

2023年11月29日　第1刷発行

著　者　青島《あおしま》 顕《けん》
発行者　樋口尚也
発行所　株式会社　集英社
〒101-8050 東京都千代田区一ツ橋2-5-10
電話　編集部　03-3230-6141
読者係　03-3230-6080
販売部　03-3230-6393（書店専用）
印刷所　大日本印刷株式会社
製本所　株式会社ブックアート

ISBN978-4-08-781747-8 C0095

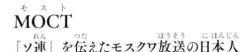